日本電産 永守イズムの挑戦

日本経済新聞社=編

nbb
日経ビジネス人文庫

まえがき

本書の元になった『日本電産　永守イズムの挑戦』（日本経済新聞社刊）を上梓したのは二〇〇四年十二月だった。それから三年強の間に、日本を取り巻く環境は大きく変化した。

当時の状況を振り返ってみよう。

小泉純一郎首相の第二次小泉内閣が「株式会社日本」を運営していた。国内では約八十年ぶりに鳥インフルエンザが発生、アメリカでBSE問題が発生し、吉野家が牛丼の販売を中止した。国民年金保険料の未納問題が明らかになり、福田康夫官房長官が辞任した。プロ野球界も大波乱が起こった。大阪近鉄バファローズとオリックス・ブルーウェーブが合併、楽天ゴールデンイーグルスが新規に参入し、ダイエーホークスがソフトバンクに身売りした。海外では、イラクで邦人三人が誘拐され、インドネシア・スマトラ島沖でマグニチュード九・〇の地震が発生し、津波によって日本人を含む十五万人が死亡した。四年に一度の夏季オリンピックが開催され、日本は金メダル十六個を含む、三十七個という史上最多のメダルを獲得した。

上場企業の業績はＩＴ（情報技術）バブルが崩壊した〇二年三月期を底に、ヒト、設備、負債の「三つの過剰」をそぎ落とし、上昇トレンドに乗っていた。〇五年三月期（〇四年度）の全国の上場企業の連結経常利益は前年比二六％増と三期連続で二ケタ増益を記録した。上場企業の利益は過去最高水準を更新する過程にあった。〇四年十二月一日の日経平均株価は一万七百八十四円で、東京証券取引所第一部の時価総額は三百四十兆円だった。景気は〇二年二月に始まった「実感なき景気拡大」が二年以上続き、戦後最長と言われ五十七か月続いたいざなぎ景気を上回る景気拡大の過程にあった。後のライブドア事件につながるような拝金主義が広がる兆候も出ていた。

そんな状況のなかで、日本電産による三協精機製作所への資本参加は、日本の企業活動のほんの一つの出来事でしかなかった。しかし、その出来事には、われわれ日本人が忘れてはいけないものが含まれていると感じた。天然資源に乏しい日本は、資源を輸入し、それに付加価値をつけて輸出して、その差額によって国内経済にキャッシュが還流する貿易立国である。この構造を支え、国際的な経済力を維持するための唯一、そして最大の「天然資源」は、無限の付加価値を生み出す力のある人間だ。日本国の状況は変わっていない。石油をはじめとする天然資源や農産物を自給できるようになったわけではない。

時は変わって、二〇〇八年三月現在、日本国の総理大臣は福田康夫氏。第三次小泉内閣で官房長官を務めた安倍晋三前首相の突然の辞任を受けて登板した。小泉政権時代、海外のメディアや投資家は「日本は変わる」と期待したが、その期待感は急速にしぼんでいる。日経平均株価は直近の高値だった〇七年七月の一万八千二百六十一円から〇七年の大納会には一万五千三百七円まで下落、さらに〇八年に入って一万三千円台にまで落ち込んでいる。東証一部の時価総額はこの半年で日本の国家予算をも上回る百兆円も目減りした計算だ。海外だけでなく、日本の投資家からも、日本は魅力のない国になってしまったような感がある。

しかし、国家としての元気のなさを横目に、成長を続けている企業がある。トヨタ自動車に代表される国際優良企業群である。これらの企業には共通項がある。世界市場に身を置き、世界市場の激動の波をかいくぐり、自己革新を遂げてきた企業群と言える。これらの企業に続く「元気企業」候補のひとつが永守重信という人物が一代で築き上げた日本電産である。

本書の元になった『日本電産　永守イズムの挑戦』のまえがきに、稀代の経営学者ピーター・ドラッカーの言葉を引用した。「イノベーションとは儲かっていない活動を儲かる活動にすること」「みんなが円満にやっていくためには付加価値を増やすことを目標にすべきである」。日本電産は、瀕死の状態だった三協精機製作所に資本参加をして、売上高営業利益率一〇％に達する水準にまで再生し、儲かっていない活動を儲かる活動に変えた。

三協精機の再生もあって、日本電産グループはこの三年間で大きく成長した。〇五年三月期の連結売上高は四千八百五十八億円、連結経常利益は五百七十二億円だったが、〇八年三月期の見通しは連結売上高七千二百億円、連結経常利益は七百五十億円。売上高で約一・五倍、経常利益で一・三倍になった。

日本電産という会社はハードワークで有名な会社であり、ハードワークについていけない人たちは脱落していく。「怠け者は去れ」「良貨は悪貨を駆逐する」という強烈な会社である。しかし、一生懸命働いた人は報われる仕組みがあるし、二〇一〇年には業界トップの給与水準にするとも明言している。果敢な挑戦の過程での失敗は、成功への糧として、復活できる風土もあるし、事実、日本電産の経営陣のなかには過去に何度となく失敗した人がいくらでもいる。

永守は昔からこう言っている。「一人の天才よりも百人の協調できるガンバリズムを持った凡才によって会社は支えられなければならない」。誰でもできることを全員一丸となって必死になってやれば、結果は出る、ということである。どこの会社や組織でも明日からでもすぐにできそうなことではないだろうか。いざなぎ景気を超えた日本の経済も、〇七年後半から暗雲が垂れ込め始めている。グローバル規模での競争は激しさを増すばかりだ。どうやって、この状況を打開し、国際競争に勝ち抜くか——。本書から競争に打ち勝つためのヒントや発想を変えるための触媒を発掘していただければと思う。

実際に現場に居合わせ、肌で実感した人の言葉には迫力があり、思いがけない発見もある。このため、本書の文中には、なるべく当事者の生の声を引用した。本書のなかで取り上げた事実は、その事実が起こった現場にいた人々にできる限りインタビューして、複数の証言をもとに、当時の事実を再構成することを心掛けた。

今回の文庫化では、前書では掲載しきれなかったり、進行中だった再生物語のほか、新たに日本電産の永守重信社長との延べ六時間以上に及ぶインタビューを、テーマごとに再構成して、加えた。

本書に登場する人物の肩書は『日本電産　永守イズムの挑戦』を脱稿した二〇〇四年十一月時点のものを基本としている。今回の文庫化で、加筆・修正した部分に登場する人物の肩書は二〇〇八年三月時点のものを使った。文中ではすべて敬称を略した。

日本経済新聞社

二〇〇八年三月

日本電産　永守イズムの挑戦／目　次

第1部　ドキュメント　三協精機製作所再建

第2部　永守イズムの源流

カバー写真／©東洋経済新報社
トビラ写真提供／日本電産株式会社

第1部
ドキュメント　三協精機製作所再建

小型モーターの試作研究を進めるティアック時代の永守

日本電産社長の永守重信は電話を切った後、つぶやいた。

「いつも同じやな」

永守が東京三菱銀行（現・三菱東京UFJ銀行）から「三協精機製作所（現・日本電産サンキョー）、八十二銀行、東京三菱銀行のトップ会談を持ちたい。ついては七月二日に東京に来ていただけないでしょうか」との連絡をもらったのは、二〇〇三年六月下旬だった。

そのとき、永守は九年前のある案件を頭に浮かべた。

1 胎動

◇M&Aで世界企業へ

当時、日本は「失われた十年」の真っ只中《ただなか》で、日本経済の低迷を映し、多くの企業が八〇年代後半のバブル経済の反動にあえいでいた。そのひとつに日本電産と同じ大阪証券取引所第二部に上場していたシンポ工業があった。

永守は同じ京都に本社を置き、工作機械向け変減速機のトップ企業で、高度な精密機械加工技術を持つシンポ工業（現・日本電産シンポ）に以前から魅力を感じていた。日本電産の収益源である小型の精密モーターの競争力を高めるのは、精密機械加工技術が欠かせない。日本電産も創業以来、精密小型モーターを生産しているので、機械加工技術は蓄積している。しかし、永守の目から見ると、日本電産がモーター業界で勝ち続けるには、まだまだ物足りなかった。

八八年十一月に日本電産を大阪証券取引所第二部と京都証券取引所に上場させた永守は、「これからはM&A（企業の合併・買収）によって外部の技術を取り込み、スピードある企業成長を目指す」戦略を描いていた。

上場直後の八八年十二月一日に発行した日本電産の社内報「にでっく」で、永守は社員に向け、こう語りかけている。

「次なるターゲットは、創業二十周年（九三年）までに一千億円企業の仲間入りを果たすことと、東京証券取引所への上場、大阪証券取引所の第一部昇格の達成であります。名実ともに創業時のターゲットであった世界的企業への仲間入りの後には、ニューヨーク市場への上場等も次なる目標になるでしょう。（中略）どうかこの度の上場を皆さんと共に喜びつつ、次なるターゲットに向かってより一層の努力をしてまいりましょう」

当時の日本電産の売上高（八九年三月期）は四百五十四億円強、純利益は十五億円に満たなかった。既存の事業を成長させるだけでは、目標達成が難しいのは明らかだった。永守は「日本電産を世界規模の企業に成長させるには、競争力の高い製品開発に不可欠な技術を取り込む必要がある」と感じていた。しかし、技術は一朝一夕には育たない。自社内で技術を育てていくだけでは、永守が思い描くスピード成長は難しい。永守の将来ビジョンを成立させる戦略、それはM&Aによる企業成長だった。

◇仕掛ける

永守は高校生の時から、日本経済新聞を読み、株式投資をしてきた株式投資の「セミプロ」。机の横には常に「日経会社情報」を置き、時間があるとページをめくってM&Aの対象になりそうな企業に印をつけておくのが、「趣味」だった。その当時、永守が印をつけていたM&A対象企業のひとつが、シンポ工業だった。

永守はある会合で顔を合わせたシンポ工業の当時の社長・中溝恒夫に、「会社を売ってもらえませんでしょうか？　うちのモーターの技術とおたくの精密機械加工技術を組み合わせたら、素晴らしい会社になると思います」と持ちかけた。しかし、中溝の反応は「永守さん、何を言われるんですか？　うちは自前でやっていける会社です。永守さんのメガネにかなったのはうれしいけど、そんな気はありません」。とりつく島もなかった。その時永守は思った。

「今の状況ではそのうち経営がおかしくなる。今、声をかけておけば、いずれ話が舞い込むこともあるだろう」

中溝はシンポ工業の創業一族の出身で、一九五二年の創業以来実兄が社長を務め、恒夫は社長を支えてきた。プラザ合意を契機とした円高が始まる二年前の八三年に社長に就任し、「売上高百億円」を目指していた。しかし、当時は、急激な円高に見舞われ、経常赤字と経常黒字を交互に計上するなど、決して業績は好調とは言えなかった。ただ、シンポ工業は六九年にデミング賞中小企業賞を受賞するなど品質管理の面では定評があった。しかも、この時点でも自動変速機のトップメーカーで、優れた精密機械加工技術を持っている。永守には「宝の山」に見えた。

しかし、バブル景気がピークアウトする九〇年を境に、シンポ工業は主要取引先である工作機械メーカーの業績悪化とともに、九二年三月期には経常損益、最終損益が赤字に陥ってしまった。翌年の九三年三月期には無配に転落、九三年秋には千五百人の一時帰休に追い込まれた。同社の九三年九月末の株主資本は一億九千八百万円で、九四年三月期の経常損益の見通しは十億円近い赤字。保有する有価証券の売却益を計上することによって、どうにか債務超過を逃れている状況だった。九三年末には希望退職を募った。年がかわって、九四年春には創業社長の長男である中溝秀行取締役の社長就任を決め、経営陣の若返りによる立て直しを図った。しかし、思うようには業績は立ち直らなかった。本業での赤字を有価証券の売却益で補填し、債務超過を避ける「たけのこ生活」のための手持ちの有価証券も心許なくなっていった。

◇技術さえよければ立ち直る

取締役相談役に退いた中溝恒夫がシンポ工業の主力取引銀行である富士銀行（現・みずほ銀行）を通じて、永守に再建支援を打診してきたのは九四年の暮れのことだった。「M&Aを活用して成長を目指す」と公言していた永守のもとには、さまざまな金融機関からM&Aの案件が持ち込まれていた。シンポ工業もそのひとつだった。

永守はこの案件に富士銀行だけでなく、京都銀行にも関与してもらった。京都銀行は永守が創業のときから付き合ってきた銀行でもあり、主要役員陣とも旧知の仲であった。永守が一九七三年に日本電産を創立したとき、京都市右京区（現・西京区）大枝の自宅を本社にしたが、最初に確保した工場は右京区桂上野の「桂工場」だった。この工場が営業エリアにあった京都銀行桂支店とは、同支店を入社試験の会場に借りるなど創業直後から大変親密な取引をした。日本電産と京都銀行との関係はその後、日本電産の成長とともに関係が深まっていった。永守流のある種の恩返しと言えた。

このとき、永守は「やっぱり早めに声をかけておけば、『今は売りません』というところでも、業績が悪化すると向こうから声をかけてくれるもんやな。わしのやり方に間違いはない」と改めて思った。

永守は富士銀行を通じた「身売り話」に乗った。総額十七億六千四百万円の第三者割当増資を引き受け、三六・七五％の筆頭株主になることにした。一株当たりの株価は三百円。当時のシンポ工業株は三百三十円から三百五十円のレンジをうろうろしていたから、一割程度のディスカウント（割引）で、第三者割当を引き受けたことになる。

「日本電産の株主の立場からすれば、なるべく安く引き受けるのが筋。一方で、再建するには、借入金の返済を含めてある程度の資金が必要。再生して企業価値を高め、日本電産のプラスになり、株主にも説明できる形はこれしかない」

永守は富士銀行やシンポ工業の大株主であり、日本電産の大株主でもある日本生命の担当者と交渉をしながら自分に言い聞かせた。

「よっしゃ、三百円で行こう」

年末から休みなしに交渉を続け、シンポ工業や再建支援を持ち込んだ富士銀行などとの基本合意ができた直後に、緊急の取締役会を開き、日本電産としての意思決定をした。そして、一月二十六日午後、京都市内のホテルでシンポ工業の中溝秀行社長と共同の記者会見に臨んだ。

記者会見で永守は「電撃的に決断しました。シンポ工業の生産技術には昔から注目しており、シンポの機械加工技術と当社の電子電機技術が相互に補完し合えば、一足す一が三にも五にもなる。（シンポ工業は）すでに自助努力でできることはやってこられたので、さらに人員を削減することはありません」と語った。

二〇〇三年八月に三協精機の第三者割当引き受けを決めた直後の発言と同じ趣旨だ。永守はいつもM&Aの対象企業の技術を目利きしている。

「私は会社を買収するとき技術しか見ていない。技術さえよければ、他のものは相当悪くてもいい、というのが昔からの考え方だ。悪い部分は自分が治すことが経営者としての仕事だと思っている。シンポはそういう企業のひとつだった。業績は良くなくても商品や技術を見たら、買収する価値があるかどうかわかる」

2　三協精機の迷走

◇六年前のアプローチ

その永守が、最初に三協精機と接触したのは、九七年初夏だった。永守は当時のことをこう語る。

「ある仲介機関が三協精機株を売りたいと言ってきたので、じゃあぜひ譲ってくれとお願いした。しかし日本の場合は、欧米諸国の敵対的買収のように相手の了承を得ないで勝手に買うのはまずいから、いっぺんトップに会わせていただいて、うちが買うことがいいかどうか了承をもらわないかんと考え、そのように仲介機関にお願いした。そうしたら、社長に就任したばかりの小口（雄三）さんとの会談をセットしてくれた。しかし、小口さんに会ったら『かんべんしてください』と。買ってほしくないということだったので、強引にやるのはよくないからということで一度引いたわけや」

実は仲介機関が永守に売却の打診をしてきた株式は、八五年夏から八八年夏までの三年間、日本の産業界の注目を集め続けたある敵対的買収に関連したものだった。

八五年八月十五日、故・高橋高見氏が率いるミネベアが三協精機の発行済み株式の一九・一％にあたる千四百七万株を取得し、筆頭株主になったことが明らかになった。しかも、その二か月前にミネベアは三協精機に対して合併を申し入れていた。その日の日本経済新聞は、このニュースをこう報道している。

「ベアリングの大手、ミネベアが精密機械メーカーの三協精機製作所の発行済み株式数の一九・一％、千四百七万株を取得、筆頭株主になったのを機に合併交渉に入っていることが明らかになった。業容拡大を目指すミネベアが株式の大量取得を背景に申し入れているもので、三協側はこれに難色を示している。しかしミネベアでは合併の実現に強い意欲を持っており、場合によってはわが国企業間では初のＴＯＢ（株式公開買い付け）による合併に持ち込むことも予想される。両社は東京証券取引所第一部に上場している有力企業で、合併が実現すればわが国産業再編成史上、例のない企業合同となろう。」（日本経済新聞、一九八五年八月十五日付）

◇ミネベア、新日鉄、そして日本電産

ミネベアの高橋高見は、まだ日本にM&Aを活用した成長戦略を体現する企業が珍しかった一九七〇年代からM&Aをテコにミネベアグループの拡大を進めていた。七〇年代には日本ミネチュアベアリングという社名だったミネベアは、トランス製造のハタ通信機、ねじメーカーの東京螺子製作所、防衛関連機器の新中央工業、測定機器の新興通信工業、帝国ダイカスト工業、自動車部品の大阪車輪製造、八〇年代に入っては呉服・寝具の訪問販売会社かねもりを相次いで買収、売上高一千億円規模の企業グループに仕立て上げていた。

異業種をも取り込み、グループとしての成長を進める高橋の手法は戦略的M&Aと言われ、時代の最先端を走る異端の経営手法として注目を浴びていた。その高橋にとって、オルゴールの世界トップ企業で小型モーターなどの小型精密機械を生産している三協精機は、中核であるベアリング事業の川下分野であり、本業を強化するのにもってこいの企業と映っていた。しかし、三協精機はこのミネベアの強圧的な合併申し入れを拒否し、その後、両社は約三年間にわたってせめぎあいを続けた。

このとき、ミネベアが買い集めた株式が八八年七月に新日本製鉄に譲渡される。新日鉄が買い取った株式は千四百十万三千株で総額は百五十三億円強。当時、エレクトロニクス分野を強化したいと考えていた新日鉄が暗礁に乗り上げていたM&Aの「ホワイトナイ

ト」役を演じた。この取引を仲介したのが、三協精機の主要取引銀行である三菱銀行（当時）だった。当時の伊夫伎一雄・三菱銀行頭取が自ら指揮して、この案件をまとめたとされている。

その後、九〇年代に入って新日鉄はエレクトロニクスなどへの多角化戦略を修正し、本業での収益悪化もあり、経営資源や事業の選択と集中を掲げ、本業への回帰を明確にしていく。

新日鉄は、九〇年代後半から本業と関係の薄い保有有価証券の処分に動き始める。その一環として、当時の案件を仲介した三菱銀行を通じて、日本電産の永守のところに売却の打診が来たわけだ。

結果的に、このとき永守に売却の打診があった新日鉄の保有していた三協精機株のうち、発行済み株式の八％に相当する三百七十一万株を九七年十二月にキヤノンが取得した。キヤノンは三協精機が保有していたインクジェットプリンターの技術に注目し、OA・事務機器等の分野で業務提携もした。さらに、子会社でインクジェットプリンター関連の製造を担当していたキヤノンアプテクス（現・キヤノンファインテック）を通じて、三協精機の関連会社でプリンター情報関連機器メーカーであるニスカの発行済み株式の二八％も取得し、傘下に収めた。

3　深刻化する危機

◇危機に追い込まれた三協精機

永守に再び三協精機との提携の話が舞い込んだのは二〇〇三年の正月明けだった。その当時、三協精機は二期連続の経常赤字が確実になり、債務超過目前の危機的状況だった。それまでの約三年間、三協精機は世界のパソコン需要の乱高下と価格競争に呑み込まれる状況のなかで、生き残りの道を必死で模索した。

二〇〇〇年四月には営業、技術、製造の三本部に加え、生産技術と企画管理の二本部を新設し、それぞれの本部長を執行役員とする経営組織の改革に踏み切った。新たな収益源を生み出すために、九七年に第三位の株主になったキヤノンとの協業も模索した。

二〇〇一年十一月には、松下電器産業とハードディスク駆動装置（ＨＤＤ）用の流体動圧軸受けモーター（ＦＤＢ）の生産で提携し、前月に稼働したフィリピン工場の稼働率を高めるとともに、事業関係を構築し「ラストリゾート（最後の手段）」を松下に求めた。

ほぼ同時に、国内に六つある事業所のうち、飯田（長野県飯田市）、諏訪（同原村）、伊那（同伊那市）の三工場を閉鎖することを決めた（伊那工場は日本電産による資本参加後に閉鎖を中止）。三工場の従業員は他の工場に配置転換、もしくは家庭の事情で通勤できない従業員に関しては早期退職優遇制度を適用することも明らかにした。そのほか、子会社の高遠計器（同駒ヶ根）とタテシナ電子（同茅野市）、スイスの販売子会社を閉鎖することも決め、本体の社員二百人（連結ベースの従業員の四％、本体の従業員の一一％）を子会社の人材派遣会社に出向させることを決めた。

三協精機はその翌年の春にも新たな収益改善の方策を打ち出した。二年前の二〇〇〇年四月に機能別の事業本部を設置したが、二〇〇二年四月にはこの仕組みを解体し、事業分野別にビジネスユニット（BU）を設置し、より細かく収益管理する体制に改めた。

しかし、この組織改正の発表から二週間強たった三月五日、格付投資情報センター（R&I）は、三協精機の長期債の格付けを「トリプルB」から「ダブルBプラス」に二段階引き下げると発表した。

R&Iの長期債格付けの意味はこうだ。トリプルB（BBB）は「債務履行の確実性は十分であるが、将来環境が大きく変化した場合、注意すべき要素がある」。これが「債務履行の確実性は当面問題ないが、将来環境が変化した場合、十分注意すべき要素がある」（ダブルB＝BB）になった。プラスは「上位格に近いもの」につけるものだ。格下げの理由は「従来の収益力を取り戻せるかどうかは不透明感が強い」というものだった。R&Iはオブラートに包んだ表現をしているが、事実上金融市場が、ほぼ三協精機の独自の経営立て直しに「警戒警報」を発信したと言える。

◇止まらぬ出血

そのR&Iの格下げ発表の翌日の三月六日、三協精機は組合員の月給を四月から一年間三％（モデル賃金で月八千円）引き下げることを労働組合に申し入れたと発表した。同時に、四月から成果・能力主義の新賃金制度を導入し、組合員一律の定期昇給を廃止することで労使合意が成立したと発表した。すでに労組も、「このままでは自分たちの仕事、給料を支払ってくれる会社がなくなってしまう」と受け止めていた。

それまでの二年間で、三協精機は後ろ盾になってくれそうな有力企業との業務提携、工場売却、社員の配置転換、早期退職優遇、従業員の賃金の引き下げなど実現可能なコスト削減策を矢継ぎ早に打ち出すとともに、足元の事業上の赤字を有価証券売却益で補填し、どうにか損益計算書（P／L）上の辻褄《つじつま》を合わせていた。

しかし、キャッシュフロー（現金収支）は火の車だった。事業を続けるための「現金」が枯渇していた。

二〇〇二年三月末、三協精機は金融機関から最高八十億円まで借り入れられる融資枠を設定した。使途は運転資金。融資枠を設定した主幹事銀行は、東京三菱銀行（現・三菱東京UFJ銀行）が大株主の八十二銀行。もちろん幹事団には東京三菱が名を連ね、三井住友、日本興業銀行（現・みずほ銀行）など合計七行が参加した。メインバンクである八十二銀行、そして、ミネベアと三協精機のM&Aの解決に大きな役割を果たし、同行の大株主である東京三菱銀行が、最終責任を持つ形で、資金繰り倒産に陥りそうな三協精機を延命させる薬剤を与えたと見ることができる。

大規模なリストラクチャリング（事業構造の再構築）に踏み切ったにもかかわらず、二〇〇二年三月期の連結売上高は前年比一九・一％減の千九十五億四千六百万円、経常損益は四十七億九百万円の赤字、最終損益も七十七億七千七百万円の赤字に陥り、無配に転落した。

二〇〇三年三月期に入っても、一向に先が見えない状況が続いた。二〇〇二年十月には飯田工場（長野県飯田市）を産業用モーターや航空機向けセンサーなどで定評のある多摩川精機（同）に売却することを決めた。不要な資産を売却してキャッシュフロー（純現金収支）を下支えるのが狙いだった。

取引銀行を巻き込んで必死の立て直しを模索した三協精機だが、業績は上向かず、二〇〇三年三月期の連結決算は、売上高が前年同期比三・七％減の千五十四億八千八百万円、経常損益は四十一億六千二百万円の赤字、最終損益は百三億六千八百万円の赤字と、最終損益の赤字幅が拡大した。

六月末に開催した株主総会では、ＯＢから「二期連続の大幅赤字の責任はどう取るのか」という厳しい質問が浴びせられた。小口雄三社長は「業績回復のメドがつくまで現経営陣でやらせてほしい。メドがついたら経営責任を明らかにする」と答えざるを得なかった。経営陣は日を重ねるごとに追い詰められていった。

七月には間接部門を中心に全社員の約二割に相当する三百人を人材派遣子会社に出向させることを決めた。簡単に言えば、人材派遣会社に社員を出向させ、他社に「再就職」させることで人件費の圧縮を狙った。すでに生産部門では閉鎖した工場の社員を中心に約二百人を同子会社に出向させており、人件費負担を軽減することで年間五億円規模のコストが削減できると見ていた。しかし、どんな手を打っても収益悪化に歯止めがかからなかった。

4 打診

◇七年越しの結実

永守のところに約七年ぶりに三協精機の話が舞い込んだのは、二期連続の赤字に陥ることが確定的になった二〇〇三年の年明けだった。

永守は九八年に東京三菱銀行京都支店長に就任した藤井純太郎とは、藤井が京都支店を離れた後も、年に数回は会食の機会を設け、自分の企業経営に関する考えや思い、そして、永守が描く日本電産の将来像など腹蔵のないところを伝えていた。ビジネスがきっかけで出会った仲ではあるが、ビジネスを超えて、思いを共有し、永守の構想を実現する手助けをしてくれる仲間として「相談」していた。そんな関係を続けるなかで、永守は常々藤井に「三協精機の身売り話があったら、うちに持ってきてくれ」と頼んでいた。

二〇〇三年の年明けに永守は久しぶりに藤井に会った。すでに藤井は東京三菱銀行の証券子会社である三菱証券（現・三菱UFJ証券）に転出していた。京都支店時代に親交を深めた藤井は、永守が進めるM&Aをテコにした成長戦略の黒子を演じるには最適なポジションに就いていた。永守が蒔《ま》いてあった人脈の種のひとつが芽を出したのだった。永守の思いを何度となく聞かされていた藤井は、何とか永守と続けてきた関係を新しい仕事につなげたかった。「相互の信頼関係がビジネスを進めるうえでもっとも重要なことだ」と常々言っている永守ともなんとなく相性が良い。永守は、腹蔵ない話もしてきた藤井には「うちにとってプラスの案件で、彼にとってもプラスになることなら、彼を使ってやりたい」と思っていた。

その藤井が「永守さん、実は三協精機の業績が立ち直らず困っているんですよ。東京三菱銀行は主力取引銀行の八十二銀行と協力しながら何とか再建したいと思っているのですが、ひょっとしたら永守さんの力を借りることになるかもしれません」と打ち明けた。永守は「慎重な性格の彼がこういう言い方をするということは、相当脈がありそうだな」と思った。

その後、永守のところには複数の証券会社や銀行から三協精機の案件が持ち込まれた。

永守は考えた。「これだけ、いろいろなところが動いているということは、この案件が彼らの商売になりそうということやな」。

5 始動

◇二十三件目のM&A

東京三菱銀行からの電話を受けた永守は、すぐに秘書を通じて七月二日の予定をすべてキャンセルさせた。

永守はすでに六月中旬に、三協精機の主力取引銀行である八十二銀行、そして、八十二銀行の大株主である東京三菱銀行の首脳と会い、銀行としての考えを聞いていた。

「永守さん、これまで私どもは三協精機の主力取引銀行として経営を支援してきましたが、もはや自力では立ち直るのは難しい状況です。永守さんのお力を三協精機の再生に拝借できないでしょうか。三協精機の経営陣もそういう意思を固めております。経営支援していただける会社を探すために、三菱グループの三菱証券が三協精機のアドバイザーに就いています。永守さんの了解がいただけるなら、今後三菱証券を仲介役に、この案件を進めさせていただきたいと考えております」

「東京三菱銀行の副頭取、八十二銀行の頭取、そして、三協精機の小口社長がそろうのだから、三協精機も取引金融機関も腹を固めている。三菱証券がこういう電話をかけてきたということはほぼ向こうの意思は固まっているはずや。いつもの通り一人で行って、即断即決の直談判をするしかないな。話を聞いて交渉の糊代《のりしろ》を見極めてから、うちの担当役員に検討させよう」

永守はそう決めた。

日本電産はそれまで国内外で二十二社のM&Aを行ってきたが、M&Aに関して永守は誰にも関与させなかった。

◇目利き

トップ交渉の前日の七月一日、京都での仕事を終え、新幹線で上京した永守は東京での定宿である都内のあるホテルにチェックインした。

「やっぱり、このホテルはいいな。移動に便利だし、東京の夜の景気もよくわかる」

永守はバスタブにお湯をためながら、部屋の大きな窓から東京の夜景を眺めた。

バスタブに浸り、心身をリフレッシュさせた永守は、ソファでくつろぎながら、翌日の会談の作戦を考えた。三協精機の現状は、約半年前に藤井からの打診がきてからそれとなく社内外の人間から聞き、技術開発センターのある長野県上伊那やグループ会社である日本電産コパルの事業所のある塩尻市に行くたびに意識して現地で情報を集めていた。学生時代から「弟子」としてかわいがってきた営業担当副社長の小部博志にも、情報収集の別働隊役を務めさせた。

小部は当時のことをこう思い出す。

「社長からはたまに三協精機の状況はどうかというのは聞かれていました。顧客から三協精機は松下、ミネベアと三者連合を組んで日本電産をやっつけると言っていると聞いていました。松下が開発して、三協のフィリピン工場とミネベアのタイ工場でつくる三者連合をやると。それでできた製品は松下が東芝、三協のつくったものは日立、ミネベアでつくったものはＩＢＭに入れてと具体的に聞いていましたので、そんな話を社長にしていました。これが実現すれば大変なことになるなと思ったりしましたね」

しかし、この段階ではまだ小部は三協精機への資本参加について何も聞かされていなかった。

永守は今回の会談を調整した三菱証券の副社長である藤井純太郎から、会談の直前に「三協精機がどうにもならなくなっている。特に資金面での不安を抱えており、新たな資金注入と経営を立て直してくれるスポンサーが必要な状況だ。三協精機も日本電産に助けを求める方向で意思を固めている」と聞いていた。

「銀行はどない考えているんやろうか？　三協精機はすでに松下電器産業とモーター事業で提携している。本気でうちに売る気があるんやろうか」

「でも、あの慎重な藤井が相当踏み込んだ言い回しをしとる。三協の小口社長が出てくるからにはかなりの確率があるはずや」

永守は三協精機の有価証券報告書を眺めながら、今回の案件を頭の中で「目利き」していた。永守は将来のM&Aの対象に定めている企業の有価証券報告書を必ず手元においている。そして、いざ、M&Aとなると、可能な限りのありとあらゆる情報を集めて、自分なりに咀嚼《そしゃく》しながら、リスクを計算し、そのリスクが顕在化した場合の対処方法などを頭の中で自問自答し、自分を納得させながら戦術を考えていく。

永守はそれまでの二十二件にのぼるM&Aもこうやって成し遂げてきた。

「話の中身と向こうの出方次第やな」

頭の中でのシミュレーションを終えた永守は、ベッドに入り、目を閉じた。

6　トップ会談

◇極秘の会談

東京駅八重洲南口にほど近いフォーシーズンズ・ホテル丸の内東京の一室には、東京三菱銀行副頭取の五味康昌、八十二銀行頭取の成澤一之、三協精機社長の小口雄三が顔を並べていた。

永守が部屋に入ると、他の三人はすでに席に着いていた。

「ほう、すでに相手方は打ち合わせは完了やな。三者でわしをどう言いくるめようとしてくるか、見ものやな」。永守はそう思った。

「小口さん、久しぶりですな。七年ぶりですかな」

永守は小口と握手し、微笑んだ。八十二銀行の成澤、東京三菱銀行の五味と挨拶した後、五味がこう切り出した。

「永守さん、今日は三協精機の小口社長が永守さんに直接お願いしたいことがあるということで、ご足労願いました。この件は主力取引銀行である八十二銀行、そして、八十二銀行の大株主であり、三協精機の取引銀行である東京三菱銀行も後押しします。ですから、今回はこういう形でこういう場所での会談を調整させていただいたのです」

永守は黙ってうなずき、ソファに座っている面々を見回し、目があったら軽く会釈した。小口をはじめとする関係者の決意のほどを感じ取りたかったのだ。

三協精機社長の小口がこう切り出した。

「永守さん、率直に言います。三協精機に資本参加していただけないでしょうか。ご存知のように、前三月期の連結業績は百億円を超える最終損失を計上し、二期連続での連結赤字というみっともない結果を出してしまいました。このままでは債務超過に陥ってしまいます。新たな資本とともに、本業の立て直しにもつながるスポンサーを探しておりましたが、そういう企業は御社しかありません。なんとかお願いできませんでしょうか」

事前の打ち合わせができていたのか、八十二銀行頭取の成澤が、小口の言葉をすぐにこう継いだ。

「永守さん、弊行は主力取引銀行という立場から三協精機の再建を支援してきました。人員削減などこれまでにない外科的な手法も実施したのですが、思うように進みません。永守さんはこれまで人を切らずに買収企業を再建してこられました。もうこれ以上地元の雇用情勢を悪化させるわけにいかないんです。なんとか、人を切らずに三協を再建していただけませんでしょうか」

八十二銀行の大株主である東京三菱銀行の五味は「銀行としても、様々な再建策を検討させていただきましたが、永守さんにお力添えをいただき、再建するのが最善の策と判断しております。銀行としてできる限りのご協力はさせていただきます」と伝えた。

「ご趣旨はわかりました。三協精機さんの技術力もわかっておりますし、オルゴールのような世界に通用する製品も持っている。私は雇用拡大が最高の社会貢献だと思っておりますから、買収した会社の従業員のクビを切ったことはありません。その点はご安心ください。ただ、デュー・ディリジェンス（資産の精査）をさせていただかないと、なんともお答えしかねます。私どもはニューヨーク証券取引所にも上場している企業で、多くの株主の方々がいらっしゃいます。彼等に説明責任を果たせるような形でないと」

永守はこう切り返した。

7 仕掛け人

◇三協精機「突然死」の危機

東京でのトップ会談を終え、帰洛した永守は、日本電産常務（当時、二〇〇四年六月退任）でM&A担当の田邊健介に三協精機について調べるよう指示した。田邊は日本銀行の元業務局長。京都支店長を務めたときに、永守と知り合い、その後、二〇〇二年に日本電産に入社。金融機関に幅広い情報ルートを持っており、三協精機の「裏情報」を集めさせるには最適の人物だった。

三菱証券のM&Aチームから再び永守に連絡が入った。永守はトップ会談から一週間後の七月九日に、再び上京した。今度の会談の場所は、丸の内にある東京三菱銀行の本店だった。京都駅からJR東海の「のぞみ」で東京駅に着いた永守は、迎えの車に乗り、すぐ南側にある東京三菱の本店に向かった。この日は、デュー・ディリジェンスを前提に三菱証券と日本電産との間で守秘義務契約を締結し、今後の情報開示に関する取り決めをした。これで三協精機への資本参加に向けた準備が一歩進んだ。

二〇〇三年六月、三協精機は赤字が続いた結果、二〇〇二年三月末に設定した最高八十億円まで借り入れられる融資枠を解消しなければならなくなった。融資枠を設定したときの条項に抵触してしまったからだ。キャッシュフローはどんどん厳しくなっていた。九月中間期で債務超過に陥ってしまう可能性さえあり、八十二銀行および東京三菱銀行は、会社更生法による再生さえ、選択肢に入れていた。とにかく、悠長なことをしていたら、三協精機は「突然死」してしまう可能性があったのだ。

◇三菱証券M&Aチーム

このころ、三協精機のアドバイザーである三菱証券でM&A事業を統括する立場にあった藤井は、微妙でしかも重要な役回りを演じていた。藤井は永守と長年の付き合いがあり、お互いに信頼し合っている仲である。ただ、藤井は、三協精機にアドバイザーとして雇われている三菱証券のM&A担当の副社長でもある。あらゆる選択肢を検討したうえで、八十二銀行および東京三菱銀行、そして、三協精機に「もう日本電産しかない」と納得させなければ、アドバイザーとしての仕事を果たしたことにはならない。

藤井が久しぶりに永守に会った年初に「ひょっとすると」という話をした後、種々の調整を経て三菱証券は八十二銀行とともに三協精機のアドバイザーになった。それ以来、藤井は三協精機のアドバイザーとして支援先の企業を探すという立場を貫いてきた。

ただ、その一方で、三協精機の支援先を絶対に探して、案件を成立させなければならない。藤井はチームのメンバーに「とにかく、三協さんと一緒に、三協さんの立場にたって活路を見い出せ」と指示した。

永守との個人的な関係から悩むときもあった。永守は相当以前から三協精機が売り物になったら、すぐに持ってきてほしいと藤井に頼んでいた。だから何度となく永守が「藤井の野郎にあれだけ前から言っていたのに、なんでこんな最後のぎりぎりのところになってから持ってきやがったんだ」と思っているだろうな、と思うときがあった。

藤井は今回の案件で三協精機と永守の間の潤滑油役を演じることを決めた。藤井はこう考えていた。

「なるべく自分が八十二銀行と三協精機に対して表に出るのはやめよう。あくまでもうちのM&Aチームを押し立てて、自分は両方をつなぐための黒子的な役割に徹して、この案件を成功させる。今の立場からすると、立ち回り方はこれしかない」

藤井はM&Aチームにこう厳命した。

「徹底的にありとあらゆる可能性を詳細に検討しろ。それが、三協精機のアドバイザーとしての仕事だ」

同時に銀行サイドは、すでに業務提携関係にある松下電器産業を含めた経営支援先の選定と経営支援の枠組みを検討した。

◇迫り来るタイムリミット

当然、日本電産は有力な相手として浮上してくる。しかし、精密小型モーターの世界で徹底的に戦ってきた相手である。しかも、業界では経営者である永守の強烈な個性と猛烈に働く社風は有名だった。長野県諏訪の名門企業である三協精機に「あの厳しい会社では働きたくない」というアレルギー反応が出るのは当然の流れだった。

M&Aチームを通じて、日本電産に対する三協精機や主力取引銀行の反応を聞いた藤井は、三協精機の小口社長はもちろんのこと、八十二銀行の関係者に対して、何度となく、仕事仲間として、友人として付き合ってきた永守の性癖を話した。

「永守氏は巷間厳しいと言われているけれども、それは会社を立て直すための厳しさです。従業員はもちろん、経営陣も一挙にクビにすることはありません。実際にお会いになるとわかると思います。言葉は非常にきついですが、それは自分の仕事に対する愛情や責任感の表れです。資本参加した会社にそれだけコミットしているし、買ってから換骨奪胎《かんこつだったい》してペッと吐き出すようなことはしません」

支援企業の候補は徐々に絞られていった。とにかく、三協精機にとって時間が限られていた。このままでは二〇〇三年九月中間期で、債務超過、そして会社更生法の適用申請をも視野に入れなければならないような情勢に陥っていた。出血が止まらないのである。会社更生法の適用申請という事態になれば、主力銀行の八十二銀行はもちろん、準主力である東京三菱銀行の持つ債権が焦げ付いてしまい、さらに大きな負担を強いられる。すでに時間との勝負が始まっていた。

8　買収交渉

◇反対者

七月中旬のある日、田邊が永守のところに分厚いレポートを抱えてやってきた。

「社長、今回の案件からは手を引くべきです。銀行筋を中心に情報を集めてきましたが、三協精機には表に出ていない不良債権があります。隠れ不良債権は二百億円から三百億円はあるのではないでしょうか。土地の含み損はもちろん、退職金の過去分の積立不足もあります。これらをきちんと処理すると、五百億円に達するかもしれません。とんでもない状態です。十月末には会社更生法に持っていくということが真剣に検討されているようです。実質的に債務超過に陥っています。そうでなければ銀行が当社に持ってくることはありません」

「向こうはずっと赤字に苦しんできた会社や。企業会計原則で許されている範囲での甘い会計処理はしているやろ。償却の先送りとかはあるな。うちの処理の仕方と向こうの処理の仕方の違いを洗い出してみい。それで、だいぶ見えてくるはずや」

「社長、これまでの二十二社の再建はたまたまうまくやってこられたと見ることはできませんでしょうか。この二十三社目が成功する可能性は極めて低いと自分は思います。経営支援をすることには反対です」

「君、たまたまうまくいったというのは失礼やないか。これまでもリスクをきちんと精査して、やってきとる。君、その発言は撤回しろ」

「たまたまうまくやってきたとの言葉はどうも申し訳ございません。しかしながら、この案件はどう見ても成功しません。私がこう言っても、社長は以前から三協精機を傘下に収めたかったとのことですから、進まれるのでしょうが、どうしても資本参加するなら、累積損失分を加味して一株五十円とか百円という株価で有利発行した株式を引き受けてリスクを薄めるしかありません。当社の株主から代表訴訟を受けかねないと思います」

「三協精機が有利発行するためには臨時の株主総会を開かにゃ、できんわ。ただし、これをやるとなると、時間がかかる。会社更生法の申請までに間に合わへん」

永守は田邊の情報網の確かさに驚いた。永守が想定していた最悪のケースに近い状況のようだった。

永守は藤井に連絡をとった。

「藤井、三協精機はどうも想定していた最悪の状態のようやな。君はどう見ているんや」

「銀行が会社内をチェックしているので、そんなにお化け（隠れている債務や不良債権）

は出てこないと思います。ただ、私自身で見たわけではありません。社長はプロだからご覧になるとわかるのではないでしょうか。個人的には、ぎりぎりでもデュー・ディリジェンスをやられたほうがいいと思います。とにかく、社長が判断できるような材料をできるだけ出してもらいましょう。そのうえで、デュー・ディリジェンスをされたらいかがでしょうか」

◇ラストチャンス

進むべきか、退くべきか——。田邊からネガティブな情報がどんどん上がってくる一方で、永守の中では「この機を逃したら、三協精機を手に入れることはできない」との思いも募っていた。

そんな七月中旬のある日、再び三菱証券のM&Aチームから永守に連絡が入った。

「七月二十五日にトップ会談をセットしたいのですが、また東京までおいでいただけますか。場所は東京三菱銀行本店です。今回は、三協精機からはトップだけでなく経理担当などの実務家も同席させます」

そんな状況のなか、日本電産は二〇〇三年七月二十日の日曜日、京都市南区の本社ビル地下一階のグリーンホールで、「創立三十周年式典」を開催した。永守は役員、管理職、永年勤続者や優秀社員表彰者など三百五十人を前に式典でこう挨拶した。

「（略）創立三十周年事業のひとつとして新社屋を建設しましたが、これは先を見越して建てたものです。言い換えれば、売上高三千億円前後の会社には身分不相応なビルなのです。売上高一兆円で身分相応になると考えています。ですから、社員が一丸となり、もっともっと頑張って一日も早くこのビルにふさわしい業績向上にまい進することが幹部、社員に求められています。どうか皆さんも、（中略）この式典が終われば直ちに次のエンジンをかけ、（中略）次の大きな目標『二〇一〇年売上高一兆円』に向かって頑張ってほしいと思います」

「（中略）企業の寿命は三十年という説もありますが、常に危機感を持って、三十年が日本電産の寿命だと言われないように、新たな気持ちで創業の精神に立ち返って、さらなる大きな目標にチャレンジをしていくという決意をしたいと思います」

「『二〇一〇年売上高一兆円』には、これまで同様にM&Aが重要な戦略となります。一九九〇年代後半に買収したグループ企業が収益を上げてきており、この成果をもとに世界的なM&Aを進めていきたいと考えています」

永守は胸の中に、次のステップである三協精機への資本参加を秘めながら、自分に言い聞かせるように、社員たちに向かって演説した。

◇再び東京へ

前日の夜、永守は記念式典のスピーチを推敲しながら、頭の中で今回の案件のプラスの材料とマイナスの材料を整理整頓した。そして、式典の翌日で国民の祝日になった「海の日」に、京都・八瀬にある九頭竜大社に参拝した。「苦しいときの神頼み」ではないが、永守は苦境に追い込まれたとき、自分の精神状態を落ち着かせるために、九頭竜大社にでかける。「日本電産にとって、大きな岐路が目の前にあります。いい結果になりますように」。そうお祈りした。

七月二十五日。永守は朝から田邊など日本電産のM&Aチームのメンバーと打ち合わせをするとともに、翌々日に出発するアメリカでのIR(投資家向け広報)の打ち合わせをこなし、お昼過ぎの新幹線で東京に向かった。

すでに藤井からは「今回の会談には私も出席しますので、永守さんが納得するまで質問してください。私は今回は行司役というような立場です」との連絡を受けていた。藤井は考えた。

「この案件を成立させるためには永守さんを納得させなければいけない。これまでは言ってみればお見合いだった。今回の会議からはギリギリのせめぎ合いになり、多分本格的なし烈な戦いになるだろう。永守さんがやり過ぎなければいいんだが」

藤井は電話口で永守に伝えた。

「永守さん、私はあなたとの付き合いが長いので、ちょっとやそっとのことでは驚きませんが、三協さんは違います。長野県の名門企業で誇り高い企業です。十分ご承知だとは思いますが、あまり激しくやってしまうと傷つきます。その点はご留意ください」

東京・丸の内の南端の一角にそびえる東京三菱銀行本店ビルにある奥の院のような部屋に入ると、そこには三協精機社長の小口、八十二銀行頭取の成澤、東京三菱銀行副頭取の五味、そして、三菱証券副社長の藤井が並んでいた。そして、その後ろには三協精機の役員と思われる人間が数名座っていた。

◇隠れた不良資産

「三協精機様への経営支援に関して、日本電産様とはすでに守秘義務契約を締結し、三協精機様からご提供いただいた資料をお渡ししてあります。本日は、永守様から検討結果についてお話をしていただきます。それでは、永守様、どうぞよろしくお願いいたします」

「みなさん、お忙しいなか、ご苦労様です。日本電産の永守重信です。さて、早速ですが、三協精機さんの貸借対照表などを仔細に見せていただきましたが、日本電産の会計処理方式と違う処理がいくつもあります。弊社の場合は、財務の健全性は至上命題で、税法上許される範囲で最大限の処理をしてきています。その視点からしますと、御社の貸借対照表のなかには、隠れ負債というか隠れ不良資産というようなものがあるのではないかと心配しています。この数字が見えなければ、資本参加できません。日本電産流に会計処理をすると、どの程度追加の損失が発生するのでしょうか」

永守の「デュー・ディリジェンス」が始まった。三協精機は基本的に社長の小口が答えた。小口の後ろには財経部長の岡山滋（現・日本電産サンキョー常務取締役管理本部長）も控えていた。

「永守様、どこまでのものを不良と見るかどうか、ということによって数字は大きく変わってくるものだと思います。手前どもは、企業会計原則に則って会計処理をしておりますので、御社との会計処理基準の違いの部分が永守様の心配される部分ではないかと考えております」

「小口さん、私がざっと見たところ二百億円から三百億円はあるのではないかと」

小口は眉間にしわを寄せ、口を真一文字に閉じている。

「三百億円以上、もしくは五百億円あるのではないですか」

「永守様、弊社の総資産は一千億円です。会計処理の基準が違うだけでその半分が不良資産ということは考えにくいのではないでしょうか。弊社の二〇〇三年三月期の資本及び資本準備金の合計額は三百五十億円、累積損失が約六十九億円あります。株主資本はざっと三百億円程度です」

「小口さん、資産の評価によって大きな違いは出てきます。在庫などの棚卸資産、工場の建て屋や設備、土地などの評価はその評価基準によって大きな差が出るのは十分ご承知だと思います。さらには、退職給付引当金の計上の仕方によって、退職給付債務の額が大きく変わってくることもご存じだと思います。厳しく処理をするとその額は三百億円、御社は債務超過に陥るのではないかと推測しておりますが、いかがですか」

永守は入手した資料から気になった点を次々と具体的に挙げていった。

「たとえば、御社の連結棚卸資産は前三月期末で百二十億円とありますが、御社は原価法ですが、弊社は低価法を採用しています。（低価法で見ると）二割程度は減価するのではないかと思います。機械設備の償却年数は御社が十年間で弊社は七年間です。ここでも大きな差が出ます」

永守は在庫、設備、保有不動産など、算定法の違いにより減価が見込まれる部分についても指摘していった。

「日本電産様の会計処理基準を精査させていただきませんと、明確な数字はお答えしかねます。本日、御社の会計処理基準をうかがいまして、持ち帰って精査したうえで、ご回答させていただきたいと存じます」

小口はそう答えるのが精一杯だった。

このとき、小口の後ろに控えていた岡山は永守の発言を聞き、こう思った。

「土地の含み損と退職給付債務をどう見るかによって、永守社長の指摘している資産の減価額は大きく変わっていくだろう。ただ、棚卸資産や固定資産などの会計処理の幅についてはいいところを突いているな。しかし、いくら何でも五百億円はいかない。五百億円も評価差額が発生すれば、三協精機には何も残らない。ただ、永守社長の示した基準からいくと百億円やそこらで収まらないな。三百億円までいったら、債務超過だな」

9 光明

◇決め手は技術

永守はニューヨークに来ても、三協精機のことが頭から離れなかった。東京三菱銀行で「デュー・ディリジェンス」をした後には、田邊が新たな資料を抱えて永守のところにやってきて、こう説得にかかった。

「社長、この資料の出所は明らかにはできませんが、三協精機は完全に債務超過状態です。このような状態の会社を引き受けることは私の職務としては反対です。仮に株式を引き受ける場合でも、有利発行しかありません。また、どうも、当社に持ち込まれる前にミネベアに持ち込んだようですが、ミネベアのほうは銀行筋のほうから三協精機の内容が悪過ぎるということで、反対があって実現しなかったようです。銀行としても最後に助けてもらうのは日本電産しかないじゃないかということになって、当社に持ち込まれた案件です。こんな会社を抱えたら、日本電産自体がおかしくなってしまいます」

永守は、物理的に環境を変えて、頭の中をもう一度整理する必要があると思った。そういう意味からすると、今回のアメリカの機関投資家向けIR（投資家向け広報）のための出張は、絶妙のタイミングだった。

昼間の機関投資家回りを終えると、すぐに、セントラルパークにほど近いパークアベニューとマディソンアベニューの間にあるフォーシーズンズ・ホテル・ニューヨークに戻り、持ってきた三協精機関係の書類を眺めた。貸借対照表をはじめとする財務資料や会計処理に関する注記などを眺めていると、いろいろなことが浮かび上がり、頭の中でのシミュレーションが始まった。

「三協精機とうちのモーターの技術を比較すると、競合しているものだけを見ても負けている。純然たる技術競争では負けている。生産技術などを含めた総合力では日本電産のほうが勝っているが、部分的な基礎技術や先行技術、特許数などの基礎体力の部分で負けている。この会社が日本電産のように意識が高かったらやられとるな。シバウラもそうやったし、コパルもそうやった。三協精機がもうかってないのはマネジメントの問題だから、これは直る」

「技術については、技術イコール人材やから最低十年かかる。簡単にいかへん。この面から見ると絶対買わないかん会社や。ただ、それにしても財務的に悪すぎる。三協精機の持っている技術をどれぐらいの金額に評価するかやな。これだけの技術を蓄積するまでに六十年かかっているわけや。うちがここまで来るのに、働き詰めできたって三十年かかった。そうすると、三協精機は液晶関連のロボット事業を持っているし、シェアも五〇％はある。カードリーダーでは世界の八〇％を超えるシェアを持っている。特殊なスーパーモーターでは世界ナンバーワンのシェアを誇る製品もある。これだけの商品を作りあげるのに何年かかるのか。やっぱり三十年はかかるやろな。仮に中核のエンジニアが五百人必要としたら、大体年間一人一千万円はかかる。年間五十億円が三十年とすると、千五百億円必要になるな。三百億円やったら、五、六年分やな。これは十分ペイするな」

「ただ、債務超過だとすると、連結対象にはできへん。田邊の言うような有利発行になると臨時株主総会が必要だから、すぐにはできへん。しかも、実際にキャッシュフローが厳しいんやから、カネの面での支援は必要やな。うちの二〇〇四年三月期の連結純利益の見通しが百三十億円やから、第三者割り当てで、持分法適用の子会社にして、利益への影響を和らげて、その後、三協精機の収益改善の見通しが立ったところで、子会社化する。これしかないな」

「それにしても、銀行は何も負担しないのか。わしに全部押し付けるちゅうのも納得がいかん」

◇見え始めた先行き

こうやって、いつものように永守は自分を納得させるように、理論構築をしていった。

すると、ホテルの電話が鳴った。三菱証券の藤井からだった。

「永守さん、三協精機の件はいかがですか？　三協精機さんも八十二銀行さんも東京三菱銀行も御社に支援してもらうことに大きく傾いています。永守さんがご指摘のように、資産を厳しく査定していくと、債務超過に陥ってしまいます。このままいくと中間決算も乗り切れないかもしれません。時間がありません」

「藤井、それにしても何やな。銀行は何かしてくれんのか。わしに全部押し付けて」

藤井はこの言葉を聞いて、「永守さんはやる気になったな」と思った。

「永守さん、銀行が借金を棒引きにするには、それなりの手続きが必要です。この手続きに入ってしまうと、三協精機は完全にバツがついてしまいますし、今後の経営に関してさまざまな制限が出てきてしまいます」

「それにしても銀行は虫がよすぎんのとちゃうか」

「永守さん、ご帰国は八月二日でしたね。三協精機、八十二銀行、東京三菱銀行、そして手前どもでお待ちしています。永守さんのご指摘も銀行にはきちんと伝えておきます。詳細を事務方に詰めさせたうえで、永守さんに連絡させます」

電話を切った藤井はこう思った。

「資本参加の条件次第だが、永守さんが今度のトップ会談に顔を出してくれたら、ほぼ決まりだろう。ようやく光明が見えてきた」

10 決断

◇最終決着

八月二日の午後四時二十分に成田空港に降り立った永守は、入国審査を終え、税関審査を済ませると、迎えの車に乗って、東京・水天宮にあるロイヤルパーク・ホテルに向かった。東関東自動車道および首都高速湾岸線は海水浴やゴルフなど行楽帰りの車が目立ったが、土曜日の夕方だけに、平日のような混雑はなく、都内に入った。

永守は、ニューヨーク滞在中に何度も藤井とやりとりし、機中でも考え、三協精機に資本参加することをほぼ決めていた。車の中で、永守は思った。

「水天宮とは面白い場所に会談場所を決めたな。確か、あそこは安産、子授けの神様や。今回の案件を無事、産みたいわけやな」

ロイヤルパークに到着すると、顔見知りの三菱証券のM&Aチームの人間が出迎えに来ていた。午後六時まであと数分という時間だった。

明るいロビーを抜け、誘導されるままにエレベーターに乗り込み、部屋に着いた。そこにはアメリカに出張する直前に会った面々の顔があった。

「いやあ、みなさん、ご苦労様です。アメリカから帰ってきたところを捕まえられてしまっては、どうにもなりませんな」

「お疲れのところ申し訳ありません」

「いやあ、いろいろ検討させてもらっていますが、銀行さんは何か支援をしていただけるのでしょうね」

「永守社長、私どもは日本電産様に三協精機さんの経営支援をしていただく過程で主力銀行として最大限の支援をさせていただきます」

「借金は棒引きにしてくれへんのでしょうか。銀行は何も血を流してくれへんのですか」

「永守社長、銀行にとってそれが難しいことは社長が一番ご存じではないでしょうか」

「いろいろ数字を見せていただいたが、本当にお化けはないでしょうね。仮にお化けが出てきたら、きちんと後始末していただきますよ」

永守は八十二銀行頭取の成澤、東京三菱銀行副頭取の五味の顔を見ながら、こう確認した。永守の言う「お化け」とは、現段階では永守には知らされていないが、その後突然顕在化するかもしれない「不良債権」や「不良資産」のことを意味した。

「永守社長、すでにお届けした資料がすべてで、あれ以上のものは、ないと考えております」

「本当にお化けはありませんね」

永守は念を押した。

「わかりました。それでは早急に具体的な条件を詰めましょう」

永守が三協精機への資本参加を決めた瞬間だった。

11　記者会見

◇兜倶楽部

二〇〇三年八月五日午後四時半前、永守は東京証券取引所にある記者クラブである兜倶楽部の会見室で、三協精機社長（当時）の小口と並んで席についた。そして四時半、会見室に集まった数十人の記者を前に、資本提携および第三者割当による新株発行に関する記者会見が始まった。

「このたび、日本電産と三協精機製作所は資本提携をすることになりました。日本電産が三協精機製作所の第三者割当増資を引き受けることを、本日、両社の取締役会において決議しました。この割当増資により、日本電産は三協精機製作所の筆頭株主になります」

「日本電産は三協精機が新たに発行する五千七百八十万株を一株当たり二百十六円で引き受け、発行済み株式数の三九・八％を保有します。払い込み総額は百二十四億八千四百八十万円です」

記者に配布した資料の内容を一通り説明した後、記者から質問が飛んだ。

「今回の交渉の経緯を教えてください」

「電子部品業界は再編で高収益体質を作り上げたが、モーター業界は再編が十年遅れています。小口氏が一九九七年に社長に就任した直後に提携を持ちかけたことがありましたが、その後は何もありませんでした。今回の件は半年前くらいに交渉が始まり、先月から具体的に動き出しました」

「出資比率が三九・八％になったのはなぜですか」

「再建のメドが見えない段階では連結対象にせず、持ち分法会社にとどめたかったからです。三協精機の再建にメドが立てば子会社化することを検討しています」

「三協精機に役員は派遣しないのですか」

「企業の合併・買収は二十三社目ですが、手法はこれまで通り自主再建を助けるという形でやります。一、二名の役員を派遣するかもしれませんが、経営が健全化すれば役員も戻します。社名やブランドもこれまで通り。ただ、日本電産グループとして融和が進み両社が納得すれば社名変更の話が出るかもしれません」

「三協精機の業績回復のメドについてはどう見ているのですか」

「これから工場をじっくり見て、十月の中間決算発表までに新しい再建計画をまとめます。時間をかけるのは好きではありません。購買の統合、営業の調整などですぐにも提携効果を出すつもりです。三協精機は一・八インチ型以下用のモーターでは日本電産よりも高い技術力を持っています。競合商品にハードディスク・ドライブ用流体動圧軸受（FDB）モーター事業がありますが、小型は三協精機に大型は日本電産に集約するなど棲み分けをしようと考えています。必ずしも日本電産中心でなく、強いほうを残します」

相次ぐ質問にはほとんど永守が答えた。

もちろん、小口に対しても質問があった。

「なぜ、第三者割当増資に踏み切らなければならなかったのか。また割当先として日本電産を選んだのですか」

「長い間国内の家電業界が顧客だったこともありグローバルで戦う営業力がなかった。日本電産は我が社の技術力を評価してくれていることもあり決断しました。今期で三期連続の最終赤字となる見通しですが、投資を削っては将来性を失ってしまいます。日本電産の支援を得れば、前向きな投資を続けられることになります。すでに着手した構造改革と合わせ業績回復につなげたいと思います」

一時間を超える記者会見を終え、永守は東京駅に向かった。翌日午前八時二十五分には、本社および中央開発技術研究所の全社員との定例のミーティングが予定されており、京都に戻らなければならなかった。

永守はいつものように東海道新幹線「のぞみ」グリーン車の一番の席に着き、大きく息を吐いた。

「先週の土曜日から今日までの四日間は久しぶりに本当にタフやったなあ」

12 短期決戦

◇ギリギリの決断

八月二日の土曜日はアメリカ出張から帰国後、ロイヤルパーク・ホテルで京都まで行く最終の新幹線に間に合うかどうかのぎりぎりの時間まで交渉をした。そして、週明けの火曜日、八月五日に両社が臨時取締役会を開催し、資本参加の方法は日本電産が三協精機の第三者割当増資を引き受けることで合意した。しかし、第三者割当増資の際の株式発行数や価額、日本電産が大株主になった後の経営体制などの詳細は日曜日と月曜日の二日間で詰めなければならなかった。

争点のひとつは、三協精機にどれくらいの金額の資本を注入するかだった。

三協精機の二〇〇三年三月期は百三億六千八百万円の連結純損失を計上し、株主資本は二百五十八億円弱と二〇〇二年三月期末に比べ百二十八億円強減少した。二〇〇二年三月期末に三十七億円弱あった利益剰余金が六十八億四千五百万円のマイナスと、ほぼ純損失分に相当する百五億円強減少したのが響いた。百億円を上回る損失計上によってバランスシート（貸借対照表）は著しく毀損《きそん》した。累積損失処理のために、六月末の株主総会では、資本準備金百八十六億円強の半分弱に当たる九十億千二百万円と七億七千三百万円あった利益準備金を取り崩し、累積損失を解消した。二〇〇四年三月期の連結業績は八十六億円の純損失を計上する見通しで、九月中間期段階で六十二億円の純損失と対外発表していた。仮に年間の純損失が見通し通りならば、株主資本は百七十二億円に減少してしまう。事前の目利き通りに、仮に三百億円の不良資産及び不良債権があると、百二十八億円の債務超過に陥ってしまう。債務超過を避けるためには百二十億円以上の資本投入が必要になる。

第三者割当増資で新株の発行価額を時価よりも著しく低くする場合は、「有利発行」と呼ばれ、実施するためには株主総会の特別決議が必要になる。有利発行は日本電産の常務で資本参加に最後まで反対した田邊が唱えていた方式だ。しかし、永守は「時間が限られている」「自分の流儀に合わない」として、通常の第三者割当増資を選んだ。この場合の発行価格は、新株発行を決議する取締役会の開催日の前営業日までの最大六か月の間の平均株価から最大一〇％までディスカウントする方式を採用する。

しかも、三協精機の業績がフルに日本電産の連結業績に反映する連結対象子会社にはせずに、実質基準でも持ち分法適用会社とするためには、出資比率は四〇％未満に抑えなければならない。二〇〇三年八月段階での日本電産の二〇〇四年三月期の連結経常利益は二百五十億円、純利益は百三十億円の見通しだった。三協精機を連結対象にすると、日本電産の連結売上高は一千億円以上が上積みされるが、損益では大きく足を引っ張ってしまう。仮に三協精機が百三十億円以上の純損失を計上すると、日本電産は赤字に陥ってしまう。三協精機の赤字額をにらみながら、出資比率を決めなければならない。経営再建をした後に連結対象子会社にするとなると、そのための株を買い増すときの株価は相当高くなっているだろうし、買い増しにはＴＯＢ（株式公開買い付け）などの煩雑な手続きが必要になる可能性もある。この時点で将来も見越した適切な出資比率にしておく必要もあった。必要な資金は百二十億円以上で、株式を引き受けた後の持株比率は四〇％未満でなければならない。

過去六か月間の平均株価は一株当たり二百四十円程度で、一〇％ディスカウントすると二百十六円。こうやって、第三者割当増資の概要が詰まっていった。

同時に、主力取引銀行からの要請だった人員削減はしないということも確認したほか、三協ブランドを残す、三協精機がすでに発表していた三百人の従業員を人材派遣子会社に出向させ事実上転職させる施策も撤回することなどを決めていった。小口社長をはじめとする経営陣は引き続き、当面の経営の陣頭指揮を執ること、主力取引銀行は「借金の棒引き」をしない代わりに、三協精機への貸付金の金利を日本電産並みに引き下げることなどの条件が詰まっていった。

◇日経、企業総合面のトップで報道

翌日（六日）付の日本経済新聞は、その日のもっとも重要な企業関連のニュースを掲載する企業総合面で、トップ記事としてこの発表を扱った。

見出しは、

「日本電産　三協精機を傘下に」

「四割出資　投資抑え技術補完」

記事は発表をこう伝えている。

「精密小型モーター大手の日本電産と三協精機製作所は五日、三協精機が九月末に実施する約百二十五億円の第三者割当増資を日本電産が引き受け、資本提携すると発表した。日本電産は出資比率三九・八％の筆頭株主となり、傘下に収める。三協精機は財務体質の改善を急いでいた。日本電産は今後市場拡大が見込まれる携帯機器向けモーターを拡充する狙い。

三協精機が新たに発行する株式数は五千七百八十万株。日本電産は一株当たり二百十六円で全株式を引き受ける。増資後の発行済み株式数は現在の約一・七倍の約一億四千五百十一万株。三協精機は増資によって調達する資金を設備投資などに充てる。

ハードディスク駆動装置（ＨＤＤ）で使われる精密小型モーターの業界ではＨＤＤの小型・大容量化に対応する研究開発や設備投資の負担が増している。日本電産はノートパソコンなどで使われる二・五インチ型ＨＤＤ用モーターでは高いシェアを持つが、携帯情報端末向けなどで成長が見込まれる一・八インチ型以下では研究開発が遅れていた。

三協精機は精密動作ができる流体軸受けなどの研究で先行、日本電産の永守重信社長は『一・八インチ型以下用のモーターでは日本電産よりも高い技術力を持っている』と評価しており、投資負担を抑えながら品ぞろえを拡充していく方針だ。

業績が厳しい三協精機は『技術力は持っているが、グローバルに展開する営業力がなかった。提携でこれを補う』（小口雄三社長）考え。

両社は部品調達網や海外営業網などを共有し、コスト低減などにつなげる。三協精機の小口社長は続投し、社名やブランド名は変えない。日本電産にとって三協精機は持ち分法適用会社となるが、業績が回復すれば『子会社化を検討する』（永守社長）と追加出資の考えも表明した。」（日本経済新聞、二〇〇三年八月六日付）

13 躍動

◇新しい未来への期待と不安

深刻な業績低迷が続く三協精機が第三者割当増資を実施して、精密小型モーター分野ではライバル会社である日本電産の傘下に入るというニュースは、三協精機が本社を置く諏訪を中心とした長野県南部の地域に不安と戸惑いをもたらした。

「コストに対する要求が厳しく、ついていけないところはどんどん切られてしまう」

「日本電産と取引のある会社がどんどん仕事を奪っていくのではないか」

三協精機に対するこれまでの不安とは違った別の不安が取引先の間に走った。

もちろん、三協精機で働く従業員の間にも不安と動揺と期待が広がった。三協労働組合委員長の大久保義則（現・日本電産ピジョン品質管理部長兼製造部長）もそのひとりだった。夏の一時金交渉が終わり、労働組合の幹部が入れ替わり、組合としての新しい運動方針を策定している真っ最中にこのニュースが飛び込んできた。「会社はこの先どうなっていくのか」「労働組合はどうなるのか」など従業員から次々と不安の声が寄せられた。

三協精機の従業員の不安を少なからず払拭する役割を果たしたのが、日本電産コパルであった。労働組合としての上部組織も地域も違うが、全日本光学工業労働組合協議会（光学労協）という組織を通じて両社は労働組合ベースでの交流があった。大久保は、コパルの組合関係者から日本電産の傘下に入ったときの経緯やその後の状況などを聞いたことを思い出した。大久保を中心とした三協労働組合の執行部は日本電産コパルの労組に現状を詳しく聞き、それをもとに組合の運動方針を固めていった。

三協精機製作所の総務人事分野担当執行役員、矢崎勝美（現・日本電産ロジステック取締役）も動いた。矢崎は六年前まで三協の労組委員長を務めていた。日本電産が資本参加というニュースを知ったとき、一九九八年に日本電産グループ入りした日本電産コパルの常勤監査役、堀越利光の顔を思い浮かべた。

堀越は前年までコパルの労組委員長。二人は両労組が参加する光学労協の会合を通じて、何度も顔を合わせていた。

「これからどうなるのかという不安があった。同じ立場にいたことがある堀越さんの話を聞きたい」という矢崎に対し、堀越は「心配はいりません。将来を不安視するのではなく、問題が出された時に判断していけばいいのではないですか」とアドバイスをした。

大久保は思った。

「業績悪化が続き、組合員の間には大変な不安が広がっていると同時に、先行きの見えない閉塞感も蔓延《まんえん》している。こういうなかで、相当明確な経営理念を持った新しい経営者がやってくる。このまま坂道を転げ落ちていくよりも、全然違った新しい未来が描けるかもしれない」

◇再建へ、本格始動

三協精機の地元である諏訪を中心とした長野県南部の「南信」地方や従業員の間に、不安と期待がないまぜの「動揺」が続くなか、永守は動き出した。

再建のための処方箋を書くためには、短期間で集中的に可能な限りの現場を視察しなければならない。記者会見から約二週間の間、月遅れの盆で企業活動が夏休みに入っている最中も、三協精機に関するありとあらゆる資料を読み直し、数字の面から、もう一度三協精機の精査を続けた。そして、八月二十日午前十時前、永守は長野県諏訪郡下諏訪町にある三協精機本社に足を踏み入れた。これから、一年以上続く、基本的に毎週二泊三日の日程で行う永守の諏訪通いの始まりだった。

中央線の下諏訪駅を降りて、駅前を左右に通っている道を左手に歩き始めると、わずか数秒で三協精機本社の門が目の前に見えてくる。永守は門を入った正面にある本社ビルの五階にある役員会議室に入った。

そこには社長の小口、副社長の高坂武雄、専務取締役で人事総務を管掌する山田盛久、経営戦略などを担当する企画本部長である常務の中田一彦、開発技術部長で取締役の宮崎清史など、取締役名誉会長の山田六一を除く全ての取締役が顔を並べていた。そして、取締役とともに並んだ執行役員の一人として、後に社長に就任する巽泰造も常務執行役員として出席していた。

「それでは早速ではございますが、本日の日本電産株式会社、永守社長様の三協精機ご視察をこれから開始させていただきます。皆さん、ご起立をお願いいたします」

「本日はよろしくお願いいたします」

挨拶が終わると、社長の小口が、永守たち一行を歓迎する言葉を述べた後、永守に挨拶の順番が回ってきた。

「今までは大変厳しい競争相手でしたが、昨日の敵は今日の友という形で、今から仲良くやらせていただきたいと思っております。以前に（小口）社長とお会いする機会もあって、こういう形でもっと早く仲良くなれたらよかったなと思っております。願わくば、せめてもう一年早かったらという思いを大変強く持っております。ただ、今回こういう形で両者がいい関係になれて、お互いにもう過去のことは全部忘れて、きちっと手を取り合って、これからは連合軍として、別のところにいる競争相手と戦っていかねばならないと思っています」

こう語り始めた永守は、経営再建のために永守がポイントだと思っていることをいくつも指摘した。

◇一刻も早く出血を止める

「現在は出血しておりますから、一日も早く出血を止めたいと思います。すでに三協精機の株価は、逆算しますと七十億円ぐらいの営業利益が出るというところまで織り込んでおります。大変プレッシャーがきつく、大変厳しい状況でございますけれども、まず流している血を止めることに総力を挙げたいと思っています」

「本来は九月末に払い込みさせていただいて、十月一日から正式に筆頭株主になるのですけれども、一刻の猶予も許さない状況です。早くできることはお互いにやりたいと思っています。営業のほうはすでに話をさせていただいております。購買とか仕入れ関係あるいは金融関係、金利の引き下げとかいろいろなことがあると思いますが、今から一円でも支出を止める、支払いを削減することに総力を挙げたいと思っております」

「銀行さんにも、借金棒引きしてくれとは言いませんけれども、大変高い金利でお金を借りているので、少なくとも十月一日以降は日本電産と同じ金利にしてくれるようお願いしてあります。実行してくれなかったらお金を返しますということもお伝えしてあります。日本電産グループでは仕入れ先も共通化しておりますから、京都の部品メーカーはみんな諦めています。『これはえらいこっちゃ』と。日本電産価格だなということで『もうしゃあないな』ということで、価格もかなり安くなろうかと思います。共通購買とか金融関係は一日も早く打ち合わせをさせていただいて、お互い協力して原価を早く下げたいと思います」

流れている血を止めるために「出を制する」。永守流再建法の第一ステップだ。

◇「落下傘経営」はしない！

永守は緊張した面持ちで居並ぶ経営陣を前に、今後の当人たちの扱いについて、身近な具体例を挙げながら説明した。

「私は過去二十二社こういう関係で、再建をやらせてもらっております。長野県では、うんと昔は信濃特機という会社の再建をしました。ここもバトルをしていた会社です。これはティアックの子会社だったところで、私はティアックにも昔お世話になっておりました。信濃特機は今では大変仲良く、完全に同化してやっております。その後資本参加したコパルさんも塩尻に工場がございますし、山梨のすぐそこにもトーソクさんの工場がございます。最近はコパルとの関係からアピック山田さんとも関係ができました」

「私の過去の手法を見ていただきますとわかりますように、決して我々が来て何か会社を食い物にするとか、とんでもない人事をやって恐慌に陥れることは一切やっておりません。二十二社をご覧いただければわかりますように、日本電産から社長を派遣している会社は一社もありません」

日本電産コパルは銀行から十八年間社長が出ていたが、日本電産が資本参加した後は二代続けてプロパーが社長になっている。日本電産シバウラも百二十年の歴史の中で一回もプロパーが社長になったことがなかったが、初めてプロパーが社長になった。

こういった例を挙げ、現在は資本参加した全ての会社の社長がプロパーから選ばれていることを強調した。落下傘で降りてきた日本電産の人間が会社を経営するのではなく、資本参加を受けた会社の人材が経営を担っていくという意識改革と先行きに対する希望を提示したと言える。

永守は、出資先がひとり立ちするまでは一人から三人程度の役員を派遣する。その役員を連絡役および永守流経営の伝道師として使う。そして、当該企業の経営陣の間に永守の経営思想や理念が浸透し、日々の現実の経営にそれが反映され、再建が完了すると、派遣役員を引き揚げる。この場合の派遣役員は、極端に言ってしまえば、水と油を融合させる役割を担う。三協精機ではこう説明した。

「あまり若手ではなく、三協精機の社風に適応できる者を連れてまいります」

重複する分野の選別に関しても、記者会見での発言を裏付けた。優れたほうを残す。いわば、事業も実力主義で選別するというメッセージである。

「基本的に優れたほうをとるということが過去の基本になっております。親会社優先ということはありません。判断の基準は、どちらが収益に貢献できるかです。この経営の基準によって今から海外の工場もざっと見させていただいて、ぜひ一日も早く新しい再建計画をきちっと作らせていただきます」

そして、経営陣にこんな要請もした。

「細かい点はこれからじっくりお話しさせていただきますけれども、感情的とか、強者が弱者に何かするような経営手法は一切ございませんので、それはぜひ皆さんの部下の方にもお伝えいただけたらと思います。本日段階ではまだ私はその立場ではございませんので、役員などの方々からお伝えいただけたらと思います。本来は十月一日に来て皆さん方にお話しすべき点ですけれども、本日段階ではまだ私はその立場ではございませんので、役員などの方々から下の方々にお伝えいただければと思います。ただ、何も苦い薬も飲まないで、何もしないで会社がよくなるということはございません。従業員の方にはご辛抱いただかなければならないこともございますし、やや苦難を伴うような手法も取り入れていかなければなりませんが、これもよくなれば戻せばいいわけですから。労働組合のほうで、疑問点があれば、コパルやトーソクの労働組合がございますから、そちらに問い合わせていただければ、正しい事情がご理解いただけると思います。お互いに話せばどんなことでも理解できると思います」

永守はまず経営陣の不安を解消させつつ、同じ会社の仲間として働いてきた人脈や人間関係を活用して従業員の動揺を沈静化させようと考えていた。

◇問題はコスト

永守の十分強の挨拶が終わると、会議室に集まっている取締役、監査役、そして執行役員の紹介があり、視察の日程説明が始まった。

永守は二十日の午前十一時前からお昼をはさんで午後二時までの予定で下諏訪駅前の本社に隣接する下諏訪工場を視察した。下諏訪工場を視察した後、約三十分間、取締役および執行役員との懇談の時間を持った。実質約二時間の視察を終え、永守は今後の再建計画のポイントになりそうないくつかの点を指摘した。十月一日に日本電産が正式に大株主になってすぐに動けるようあらかじめ役員たちに示唆を与え、準備を進めさせるためだった。

「三協精機さんは製品を通じて技術的に非常に深いものをお持ちだろうなという印象を持っていました。評価試験など要素技術を非常に幅広く持っておられる。技術的な点は心配していません。予想通りの非常にいい物を作っておられる。おそらく技術的にはむしろ我々のグループ会社が学ぶ部分はたくさんある。やはり、問題はコストだと思います。一言でコストと言いましても、購買コストもありますし、設計段階で、競争に勝てるコストというものを考えて設計しているかどうか。私がいつもやかましく言っているのは、性能も大事ですが、同じ性能を出すときのコストです。私もエンジニアですから、ぜひそこは議論をさせていただきたいと思っています」

永守は一度話し始めたら、止まらない。次々と、日本電産グループで体現している永守流経営の考え方を挙げていった。

「工場の技術部門は、ワンフロアに全部まとめられていて、非常にいい集合体になって、うまく機能していると思います。ただ、こちらで開発した製品と実際に量産する海外工場との連携の問題などはもう少し詳しく勉強させていただきたい。どんな変化をもたらしたら、利益が上がるのかということです。問題は、ここの全体のレイアウトが利益の上がるレイアウトになっているのか。働きやすいということはイコール、利益につながってくるんです。廊下を歩く一分も百円、資料を探す一分も百円ですから、そのへんのところをよく議論させていただいて、改善できるところはこれから改善させてもらいたいと思います」

さらには、十月に入ったらすぐに、全ての仕入先を集めて永守自身が購買の方針を説明する場を設ける考えであること。その日程をこの出張中に決めたいと思っていること。購買だけでなく、日本電産グループのリソース（資源）をフル活用してもらうために、日本電産から二人の社員を三協精機に常駐させる考えであること。日本電産グループの利益追求の仕組みである「事業所制」などを次々と説明した。

そして、最後にこう締めくくった。

「再建に時間をかけるのはお互いにつらいですから、早く収益の上がる会社に変えたいと思っています。その意気込みで、いろいろな議論をもとに、再建計画を決定させていただきたい。皆さんも日本電産をはじめグループ会社をどこでもご覧いただいて結構ですから。明日からでも『これはどうやってやったのか』、そんな疑問が浮かんだらすぐに、見ていただいて、担当の者から詳しい話を聞いていただき、それで学んでいただいて、考えていただいて、改善していただく。これで十分に対応できると思います。ぜひ日本電産グループでの実例を参考にしてやっていただくようにお願いします」

◇利益はすぐ上がる

約三十分の「感想」を述べた後、中央自動車道沿いを南下して南諏訪にある三協精機諏訪南工場から同諏訪工場、物流子会社である三協流通興業の諏訪センターを視察した後に、宿泊場所である上諏訪のホテルに投宿した。車での移動中は、B5サイズのノートPCに携帯電話をつないで、グループ各社の幹部から送られてくる「報告メール」を受信し、一つひとつに対して、返信した。移動時間中にメールや携帯電話を使って指示を出すのは、いつものこと。この時間に指示が出せるよう各部門の責任者から報告を出させる仕組みを作り上げたことで、無駄な時間を過ごすことなく中身の濃い時間を過ごすことができる。

「二十四時間は誰でも与えられている平等な条件。これをどう使うかで、勝負が決まる」

その晩、上諏訪にあるホテルに投宿した永守は、この日の視察を終えて、頭の中で再建策を練った。

「日本電産流のコスト管理を徹底すれば、すぐに利益は上がってくる。技術も事前の目利き通りきちんとしたものを持っている。基礎技術だけをとってみたら、日本電産より上や。これは楽しみやな」

永守はこう考えた。これまで資本参加した企業の再建で必ず収益面で効果が出たのは購買の仕組みの見直しだった。これは日本電産の部品データベースに入っている調達コストと比較して、高いものは日本電産の調達先から買うようにする。三協精機のほうが安いものは、日本電産グループ全体でその調達コストで買えるようにする。三協精機の調達先に日本電産グループで調達している部品コストを開示して、協力してもらう。コパルの再建のときに、同じことをして、脱落していった調達先は一割程度しかなかった。残りの九割はついてくる。できるだけ早く現実の調達コストに反映できれば、製品のコストが下がり、価格競争力も出てくる。そうなれば、受注も増える。三協精機の部品調達額は約六百億円。これを一〇％削減すれば六十億円の収益改善につながる。しかし、永守の見たところ、二〇％は下がると踏んだ。そうすると、百二十億円の収益改善効果がある。これだけで、前期の赤字は解消できる。

それと同時に進めるのが、徹底した一般経費の削減だ。余分な経費は一切使わせない。

一つの目安は売上高を一億円上げるための経費だ。日本電産では、一億円の売上高を上げるのに五百万円以上は使ってはいけないルールを設けている。三協精機は一千万円も使っている。日本電産並みに引き下げれば、売上高一千億円の企業だから、五十億円の利益を生み出す効果がある。

◇技術をキャッシュに

次に、開発と生産、営業の一体化だ。永守は思った。

「日本電産の事業所制を導入すれば、開発の目の色が変わってくるはずや。これが機能すれば、三協精機の技術がキャッシュに変わっていく」

日本電産の事業所制はこういう仕組みだ。約二十年前から導入しているもので、日本電産の競争力の源泉とも言える仕組みだ。

日本電産の組織は営業だけは別働隊で、個別の顧客のニーズをつかみ、他社製品に切り替えが難しいような製品を受注する役目を負う。営業はとにかく売上げの責任を負う。そして、営業部隊を除いた部分を事業所に分け、それぞれに利益責任を持たせる。開発部門は製品の売上高に応じた技術料を受け取り、それを部門の運営費用に充てる。たとえば、開発部門には国内工場で生産する製品の場合は二・五％から三％、海外の工場で生産する製品ならば五％の技術料が転がり込む。こうなると、開発部門はいい加減な開発はできなくなる。売れない製品を開発したら、自分のところにキャッシュが入ってこなくなり、赤字に陥ってしまう。自分のところの組織で開発を続けるためには、開発者にもコスト意識、利益意識が必要になる。製品化の段階で調達先を説得するときも、最終製品のコスト競争力を常に意識して、材料や部品の仕様を決めていく。開発の技術者が購買部の持っている感性を持っており、製品化の源流の段階からコスト管理が行き届く。

ただ、三協精機はモーターだけでなく、光ピックアップ、カードリーダー、産業用ロボットなど様々な製品を生産している。利益追求型の組織と言っても、製品ごとに事情が違うわけで、全て同じ枠組みにするわけにはいかない。

「どういう仕組みにしたらいいのか。これから海外も含めてどんどん現場を回って、議論をして、十月一日までに詰めていくしかないな」

永守は改めて、三協精機の可能性の大きさを感じた。

視察の二日目の二十一日（木）は朝食をとったあと、上諏訪のホテルから蓼科高原に向かう途中の茅野市米沢にある三協精機の子会社である日新工機の本社と本社工場の視察から始めた。エンジニアリング・プラスチックや携帯電話向けCCDカメラのレンズなどを製造している会社だ。その後、中央高速道路を南下して、伊那市上の原にある三協精機の伊那工場、三協流通興業の本社と諏訪センターを視察した後、さらに南下して、駒ヶ根市赤穂にある三協精機の駒ヶ根工場、CDやDVD用のメカユニットを製造する子会社東京ピジョンの駒ヶ根分室を見て、二日間の視察を終えた。

三協精機の視察は二日間だったが、永守はその晩も上諏訪に投宿し、翌日は日本電産長野技術開発センターに足を運び、全社員に訓示した後、ようやく帰洛の途につき、二泊三日の諏訪詣でを終えた。

八月二十三日（土）、二十四日（日）の週末は、京都・本社で海外駐在員が集まる会議などの日程をこなし、最終の新幹線に乗り、東京に向かった。

二十五日（月）は朝一番で新橋にある三協精機の東京支社を視察。その後、日本橋馬喰町にあるオルゴールの製造・販売を担当する三協商事、板橋区加賀にある東京ピジョンを視察した。そして、その足で、東京・羽田空港に向かい、秋田県に飛んだ。

二十六日（火）は朝八時半から日新工機の生産子会社である東北日新工機を視察し、午後一時十五分秋田空港発の全日空で羽田に戻り、東京経由で京都に帰った。

14　激　震

◇松下・ミネベア連合

永守が三協精機の国内拠点を事後「デュー・ディリジェンス」している真っ最中に、モーター業界に激震が走った。日本電産が三協精機を傘下に収めたことで、危機感を募らせた松下電器産業とミネベアがモーター事業の統合を発表したのだった。

松下もミネベアも三協精機が支援を持ちかけたとされる競合相手だったが、様々な事情から三協精機の支援には踏み切らなかった。その二社が連合を組み、日本電産と対抗する企業グループを形成することを明らかにしたのだった。

二〇〇三年八月二十八日付の日本経済新聞・企業総合面の主見出しは「松下の事業別改革始動」。サブ見出しとして「まず、モーター、ミネベアと統合発表」「国内生産は撤退」「子会社清算　人員を削減」の三本をつけ、さらに「日本電産を追撃」「二大勢力、開発競争激しく」という見出しをつけた解説記事も組み合わせている。

ニュース部分はこう報じている。

「松下電器産業は業績不振のモーター事業を抜本的に再編する。二十七日、情報機器向けモーター事業をミネベアと統合すると発表した。国内の二製造子会社を十二月末に清算する。事業統合と中国への生産シフトで二〇〇四年度に黒字化を目指す。今年一月にグループを十四の事業領域に再編した松下のリストラは、各領域で個別に改革を打ち出す第二幕を迎えた。

松下とミネベアの共同出資会社の資本金や従業員数は未定だが、ミネベアが六〇%、松下が四〇%を出資する予定。ミネベア側がパソコンやプリンターに使う冷却ファンと駆動用モーター、松下側が携帯電話向けの振動モーターなどを新会社に移管する。

移管する事業の昨年度の売上高はミネベアが四百三十億円、松下が三百九十億円でともに黒字。新会社の売上高は二〇〇四年度に九百五十億円を見込み、同分野で日本電産に次ぐ世界第二位のシェアとなる。松下の商品開発力とミネベアの製造技術を融合し、『世界トップを目指す』（ミネベアの山本次男社長）。

松下はモーターの国内生産から撤退し、中国に全面シフトする。製造子会社の武生松下電器（福井県武生市）とナショナルマイクロモータ（鳥取県米子市）の二社を十二月末に清算。大阪府大東市にある松下本体の工場での生産も打ち切る。

清算二社の計千百人の従業員については、一部を新設する開発子会社に移管するほか、早期退職を実施し、退職加算金の支給や転進を支援する。千百人のうち六百人は退職後、資金を出し合って個人出資による製造子会社を設立する方針で、松下は下請けとして活用する。

今後は主力の家電用モーターを中心に中国事業を拡大し、中国でのモーター売上高を今年度の三百億円から二〇〇六年度に一千億円に引き上げる。モーターは創業期からの伝統事業だが、ここ数年赤字が続いていた。

松下は松下通信工業など主要子会社を巻き込んだグループ再編後、『各事業領域が独自に構造改革を継続する段階に移行した』（中村邦夫社長）。今年度は個別の追加リストラにより、連結で五百億円の特別費用を見込んでいる。今回のモーター事業再編もその一環

で、今後さらに各領域でリストラ策が打ち出されることになる。」(日本経済新聞、二〇〇三年八月二十八日付)

◇宣戦布告

さらに、解説記事はこの発表をこう分析した。

「松下とミネベアの事業統合で、情報機器向け精密小型モーターで世界二位の新勢力が誕生する。企業の合併・買収(M&A)で業績を拡大している世界最大手の日本電産を追撃する態勢が整う。携帯端末やデジタル家電など精密小型モーターの用途は拡大しており、二大勢力による開発競争が激しくなりそうだ。

松下とミネベアは二〇〇二年九月に電子機器内部の冷却に使うファンモーターで提携。低騒音タイプの機種を共同開発し、四月にミネベアが上海市に持つ工場で生産を始めている。この実績が統合の踏み台になった。

約二千億円と言われるファンモーターの世界市場で、松下とミネベアを合わせたシェアは一六%となる見込みで、首位の日本電産の一八%に肉薄する。プリンターの紙送り機構などに使うステッピングモーターでも、約千二百億円の世界市場の中でシェア一六%と世界二位になる。国内メーカーに台湾や韓国などが加わり、精密小型モーターの価格競争が激化している。年率で一割前後価格が下落している製品もあり、価格競争力を高める狙いがある。

精密小型モーター業界では再編が相次いでおり、五日には日本電産がハードディスク駆動装置(HDD)用モーターに強い三協精機製作所を傘下に収めると発表したばかり。

業界には『過当な価格競争を避けるため、企業数を減らす必要がある』との声もある。二大勢力を軸に、下位メーカーを巻き込んだ再編が加速しそうだ。」

さらに、日経産業新聞は大阪市内で記者会見した松下電器産業の中村邦夫社長とミネベアの山本次男社長との主なやり取りをこう報じた。

× × × ×

――事業統合はどちらからもちかけたのか。

山本氏「今年(二〇〇三年)の三月ごろ、松下側から話をいただいた」

――新会社への出資比率はどう決めたのか。

山本氏「売上高や利益の額を双方で比較するとそのくらいになる。十二月までには今後五か年の計画を策定し、それをもとに正式決定する」

中村氏「ミネベアが五一%以上、松下は三三・四%(より上の水準)を維持するという範囲で詳細を詰めていきたい」

――モーター業界では五日に日本電産が三協精機製作所を傘下に収めると発表したが、今回の統合と関係があるのか。

山本氏「事業統合は独自の判断であり、（日本電産の件とは）全く関係がない」
——松下は三協精機に流体動圧軸受けモーターの生産を委託している。今後、この関係をどうするのか。
中村氏「九月末までには、三協精機との協業関係を完了させたい」
——事業統合する分野以外で両社の関係をどう深めていくのか。
山本氏「ベアリングなどの部品を松下に納入しており、これらの取引を拡大していきたい」
中村氏「共同出資会社やミネベアからの部品の調達を最優先していくつもりだ」

×　　×　　×　　×

松下・ミネベア連合はこの記者会見で、日本電産・三協精機連合に宣戦布告した。

この発表を受けた二十九日、三協精機は東京証券取引所の記者クラブである兜倶楽部に「流体動圧軸受けモーターの生産受託契約について」と題した一枚の資料を配布した。資料は「この度、株式会社三協精機製作所と松下電器産業モーター社は、両社が交わした流体動圧軸受けモーターの生産協業（生産委託及び受託）契約について、本年九月までに解消すべく検討に入りましたのでお知らせします。

今回の日本電産株式会社と当社との資本提携により、松下電器産業株式会社より契約解消の申し入れがあり、これに応じる方向で検討に入ったものであります。」

◇海外拠点に自信

永守にとっては、完全に事前の読み通りの展開だった。

翌週の月曜日（九月一日）からは五日間の日程で、三協精機の東南アジアの拠点を回った。まず、三協精機のシンガポール子会社三協精機シンガポール傘下でインドネシアのバタム島にあるバタム工場を視察した後、三協精機シンガポールに飛んだ。その後、マレーシアに移動し、ポートクラン本社工場、アサヤケ工場、クアラセランゴール工場、三協プレシジョンマレーシアの本社を訪問し、フィリピンに向かった。

フィリピンは三協精機が業績悪化するなかで命運をかけた製品である流体動圧軸受け（FDB）モーターの工場がある。三協精機はここでの事業が事前の計画通りに立ち上がらず、結果的に致命傷を負ったのだ。

三協精機は九八年六月に米海軍基地の跡地を利用したスービック工業団地に三協精機フィリピンを設立、六万平方メートルの土地を取得して、ボールベアリングを流体動圧軸受け（FDB）に置き換えたHDD（ハードディスク駆動装置）用モーターを生産する計画を固めた。しかし、三協精機が特化した二・五インチ以下のHDD用モーターのFDB化が遅れ、工場の稼働率は上がらず経営に大きな打撃を与えた。

永守はフィリピンの三協精機フィリピンのスービック工場をこれまで以上に詳細に視察した。

FDBは日本電産がボールベアリングを使ったHDD用モーターの需要を代替するだろうと見越して、九二年ごろから開発に着手した製品。HDDの記録密度がメガ（百万）単位からギガ（十億）単位にシフトするなかで、より高速で安定性があり、精度の高い回転が可能なFDBの技術は日本電産にとって不可欠だった。ところが、日本電産にはこのFDBに対応できる精密加工技術が不足していた。九七年に日産自動車のグループ会社で、変速機や計測機器を製造するトーソク（現・日本電産トーソク）やプレス機器の京利工業（日本電産キョーリ）などを傘下に収めたのは、FDB開発のための技術を補充する意味合いがあった。ところが、三協精機は日本電産に先駆けて八五年ころからFDBの開発に取り組み、特許の保有数はもちろん、基礎技術での蓄積が厚かった。申請した特許の質と数を見れば、日本電産との技術力の差は歴然だった。そのFDBの拠点がスービック工場なのだ。

「この工場はとてつもない可能性を秘めている」。永守はそう思った。

三協精機の東南アジア拠点の視察を終えた永守は、九月十五日から六日間の日程で、今度は中国の生産拠点の視察に出かけた。まず、台湾にある高雄の台湾天龍に出かけ、そこから深圳に飛んだ。深圳では三協精機の事業所である三協精機深圳と東京ピジョンの東宝工場を丸一日かけて視察した。そして翌日、長安に飛び、日新工機長安工場を訪れ、その後三協石龍工場、三協電子韶関、三協精機福州と転戦し、二十日土曜日に京都に戻った。

各拠点では、なるべく現地の経営層だけでなく、従業員も集めて、永守の考え方を「辻説法」した。

翌週の火曜日、二十三日から再び中国に出かけた。今回は二十六日までの四日間の日程で、三協精機上海、無錫工場、蘇州工場をくまなく視察した。日本電産は浙江省に一大拠点を設置しているほか、東莞、大連、上海に子会社および製造拠点を展開している。永守はこれらの拠点とどう連携をとっていくかが、今後の競争力強化のポイントになると見て、集中的に中国の拠点を回った。

◇重病も「不治の病」ではない

一連の海外出張の合間に、永守は三協精機のキャッシュフローを確保する青写真を描いていた。

永守が二回目の三協精機の中国拠点視察から帰国した九月二十六日、三協精機は東京証券取引所の記者クラブに一枚の発表資料を投げ込んだ。「固定資産の譲渡について」と題する資料には、三協精機の本社下諏訪工場用地を含む六か所の土地を日本電産に譲渡する旨が書かれていた。下諏訪、伊那、駒ヶ根の三か所の工場用地、岡谷市と下諏訪の社宅用地、そして茅野市にある旧工場用地、簿価で九億四千四百万円分の土地を総額四十一億二千二百万円で譲渡する内容だった。これによって二〇〇四年三月期に約三十二億円の特別利益を計上できることになった。永守は二〇〇四年三月期中に全ての不良資産や不良債権を処理しようと考えており、特別利益は三協精機を債務超過に陥らせない糊代《のりしろ》に使おうと考えていた。

この間、京都に戻った合間を縫って新聞記者のインタビューも受けた。

インタビューの内容は九月三十日付の日本経済新聞に掲載された。質問の中心は三協精機の再建に関するもので、永守はこんなふうに答えた。

「(二〇〇三年) 十月に三協精機が傘下入りする前に国内工場をすべて回った。再建の見取り図が見えつつある。重病だが不治の病ではない。精密モーターなどの技術は高くても、利益を上げる意識、仕組みがなかった。労働時間を増やすことから意識改革を進めたい。今期中にウミを出し、来期には営業損益を黒字にしたい」

「今回の買収で (日本電産の) 二〇〇六年三月期に連結売上高五千億円、営業利益で五百億円にする中期目標 (前期は売上高が二千九百八十六億円、営業利益は二百二十八億円) の達成が見えてきた。三協精機の再生次第で営業利益六百億円も視野に入る」

「(出資比率を三九・八%に抑えた理由は) 四〇%以内に抑え、持ち分法適用会社から始めたかった。過去の買収も同様だ。不振企業をいきなり連結対象にすると日本電産の業績への負担が大きく、再生が進まないリスクもある。買収される側の反応にも配慮が必要だ。三協精機は来期にも連結対象にする予定。再生が進んでからだとのれん代 (営業権)

の償却負担が大きくなるが、リスク管理を優先する」

「(雇用や経営体制については) 怠け者はやめてもらうが、資本の論理を前面に出すのではなく、原則、雇用は維持し希望退職者などは募らない。私を含め二人が日本電産から顧問の形で加わるが、経営体制の基本は変えない。過去の買収と同様、私個人も出資する予定だ」

「赤字会社の三協精機の買収で当社の株価が直後に下がることも覚悟したが、実際には上がった。日本電産流のM&A戦略を市場が信頼し、評価したと受け止めている」

このインタビュー記事が日本経済新聞に掲載され、三協精機の第三者割当増資の払い込み期日である九月三十日、永守は、本社ビル地下一階にあるホールに本社および中央開発技術研究所の社員全員を集めて、下期に向けての訓示を行った。毎月開催している訓示だが、この日は二〇〇四年三月期の上半期が終了する日であったため、上期の総括と下期に向けての発破をかけた。

そして、京都・八瀬にある九頭竜大社に参拝した後、京都駅から諏訪に向かった。いよいよ、再建の本番がスタートするのである。

15 本丸

◇三協精機本社

二〇〇三年十月一日午前八時二十分、永守は下諏訪駅前にある三協精機本社敷地内にある体育館で、全役員、社員を前に着任の訓示に臨んだ。この日から永守は三協精機製作所の最高顧問として指揮を執った。永守とともに三協精機にやってきたのは、専務執行役員に就任した橋本誠治、執行役員になった藤井修平、そして、三協精機フィリピンの会長に就いた山本紘一の三名である。

橋本は一九四〇年生まれの元日本電産常務。神鋼電機を経て七八年に日本電産に入社し、滋賀工場の技術部長や本社の開発部長、日本電産トーソクベトナムの副会長などを経て、二〇〇〇年からは常務を務めていた人物。山本も同じく一九四〇年生まれの元日本電産常務で、現在の役職は顧問。トヨタ自動車で、タイ工場長やフィリピンの部品会社の社長などを歴任した後、日本電産に入社し、フィリピン日本電産の社長を務めるなどアジアでのモノづくりの経験が豊富な人物だ。藤井は一九五〇年生まれで、二〇〇三年二月にUFJ銀行（現・三菱東京UFJ銀行）から日本電産に関係会社管理部部長として入社した人物。永守の補佐役として、日本電産で実績のある二人と、途中入社だが調整能力にたけた現役選手を配したわけだ。

永守は地声でもある勢いのある大声で訓示を始めた。それまで緊張で張り詰めていた体育館の空気が一気に切り裂かれたようだった。

「おはようございます。今日から最高顧問として参画させていただくことになりました。今日いまからお話し申し上げることは単なる挨拶ではありません。ですから非常に真剣に話を聞いていただきたいと思います。先ほどもご紹介いただきましたが、私と三名、今日から三協精機の再建に総力を挙げたいという意気込みでこちらへ呼ばれております。私はほかの業務もございますから週二回か一回、こちら、あるいは関係工場へ寄せてもらいます。ほかの三名は基本的には常駐いたしまして、いろいろな側面から再建活動に総力を挙げさせていただこうと思っております」

「今から申し上げる話は非常に、耳に痛い話になると思います。今まで経営してこられた経営陣には特に耳に痛い話だと思いますが、私は決して、評論家としてここへ来ているわけではありません。この会社をきっちり利益の上がるいい会社に変えようという決意でここに参っております。私以下三名の四名は、夢中でやらせていただきます。そして、トイレと水だけはお借りする。それ以外のものはすべて手弁当でやらせていただきます。昨日も日本電産のほうから百二十五億円という膨大な金額をこの会社に振り込んでおります。決して我々は傍観者としてこの会社で今から何かやろうというわけではありません。責任をもってこの会社の再建に総力を挙げる。まずその気持ちを冒頭にお伝えしておきます」

◇コストが高すぎる

永守の決意表明で始まった訓示は、それまでの事業所視察を踏まえて分析した三協精機グループ全体の現状と問題点に展開していった。

まず、労働生産性の低さを指摘した。三協精機の労働生産性は日本電産の半分程度しかないと言い切った。その理由として、会議など付加価値を生まない仕事が日本電産に比べ四倍から五倍多いことを挙げた。

次に年間の総労働時間の短さ。日本電産ではグループ会社含めてすべて千九百九十二時間働いているが、三協精機は千八百七十五時間でしかない。そして、出勤率が悪いことにも言及した。

さらに、日本電産では十人でやっているモーター製造の仕事を三協精機は二十人かけて行っていることを例に、製品のコストの問題に展開した。

「まったく同じモーターで、日本電産で二〇%儲かっているものが、三協精機では二〇%損している。言い換えれば四〇%原価が違うわけです。四〇%も原価が違って勝てるものはありませんし、仮に注文をとってもその製品からは一円の利益も上がらないどころか、大きな赤字を出すということになってきます」

コスト面で最初に例に挙げたのは設備コストの高さ。

「まったく信じ難い値段のものを買っている。設備費は二倍から三倍です。日本電産で一千万円で買っている機械を三協精機では三千万円で買っている。そんなのはざらです。あのような機械を使って国際競争に勝てることはまったくありません」

そして、次に仕入れコストの高さを指摘した。

「だいたい一〇%高いです。ということは年間売上高一千億円のうち六百億円を仕入れにしますと、一〇%高くて六十億余分にお金を払っているということです。そして、製品の販売価格は五%安い。これは営業の問題もそうですけど、高く作ったものを安く売っていますから、会社は必ず赤字になります」

三番目は経費の高さ。

「日本でいちばん安い経費の会社はトヨタ自動車です。トヨタは一億円の売り上げを上げるのに四百十万円しか経費を使っていません。そして、カルロス・ゴーンが来る前の日産自動車は千五百万円使っていました。言い換えれば一億円の売り上げを上げるのにトヨタの三倍の経費を使っていた。だから日産は潰れかかったんです。そのあと、カルロス・ゴーンが来て、つい最近六百二十万円まで下げました。ちなみに三協精機は一億円の利益を上げるのに一千万円の経費を使っています。最初のころの日本電産コパルは千二百万円使っていましたから、それに比べたら二百万円少ないです。日本電産では四百四十七万円しか経費を使っておりません。半分の経費で一千億円の売り上げを上げれば、それだけですでに五十億円。これらだけで、この二年間の赤字は完全に黒字になる計算になります」

「いま三協精機が抱えている問題は極めてシンプルです。モノを高く買っておりますから安く買えばいいわけですね。モノを安く売っていますから、どうすれば一円でも高く売れるか考えなきゃいけない」

◇社員に危機感とやる気を

永守はなるべくわかりやすく、現実の例をひきながら、永守の三協精機の現状認識を社員に語った。そして、随所随所に社員の危機感とやる気を持たせる言葉をまぶした。

「この会社は今回見せてもらって、いいときに仕事をやらせてもらえるなと思いました。これが六か月遅れて、来年の春だったら、潰れるしかなかった。そういう最後の最後の土壇場にいたのです。これからこの会社をよくするためには、まず赤字からの脱出が必要です。赤字からは絶対抜けられます。多くの市民も使って、通勤には道路も使う。いろいろな公共施設も使う。一円も税金を納めないで赤字、そんな企業は存在価値がありません。どんなことがあっても黒字を出さなきゃいかん」

「三協精機は人材の層も厚いです。はっきり申し上げて、日本電産が真っ向から戦って、三協精機が高い意識で戦ったら、おそらく日本電産はやられる。そういう思いを持ちました」

ここで、永守は二〇〇四年三月期中に先送りされてきた負の遺産を含めて過去のウミを出し切る考えであることを明言した。そして、二〇〇五年三月期は営業利益で四十億円、二〇〇六年三月期には過去最高益を更新することに挑戦したいと語りかけた。

「これまで三年間赤字が出ていたのに、今から二年半先に最高利益が出るのかと。大ボラ吹いてるんじゃないかと思われるかもしれません。私は再建のプロ、経営のプロですから見ればわかります。今は確かに瀕死の重傷を負っています。ちょっと手遅れになったら潰れる、と思いますけど、今からきっちりやれば、それぐらいの潜在能力を持っています」

『おまえなんか信用でけへん。今日はじめてやってきて、何をえらそうなこと言ってるんや。高い壇上から大きな声を張り上げて言うんじゃない』と言われるなら、それはそれで結構です。はじめてお会いして、『あんたを信用します』というのはかえっておかしい。だから、もし私が信用できないというのだったら、一年間でいいです。今期は処理の期間ですから、願わくば一年半ほしいですけど、そんな待てるかというなら一年で結構です。一年間だけだまされたつもりで私の言うことを聞いて、行動してほしい。それで一年後に、この会社に変化がなかったら、つばをかけようが足で蹴ろうが、好きなことをやっていただいて結構です」

そして、永守は社員にこう宣言した。

「私は一人の天才を求めていません。一人の百歩よりも百人の一歩というのが私の経営の方針です。みんなの力を結集してこの会社をいい会社に変えていくというのが経営手法です。一番の問題は中途半端です。やるでもなし、辞めるでもなし。これは一番いけません。やるならきっちりやる、やらないなら辞める。『わしはほかの会社からスカウトが来ているんや。三協精機より三割いい給料出す』。そんなにいいところがあるんだったらぜひ行ってください。中途半端はいけない。残るなら、徹底的にやってもらう。いやなら辞める。しかし、どうもよくわからんと、(そういう姿勢で)会社にいるんだったら、今申し上げたように一年間だけだまされたつもりで行動していただきたい。再建は時間をかければ疲れます。私も疲れますし皆さんも疲れます。短期でやりたい。一年が勝負です。やるからには全力を挙げてやる。私も全力でやります。皆さんも真剣にやってほしい。もたもたしているともう時間がありません。実行するのみです。それを、高い壇上でありますが、お願いしておきます」

永守の社員に対するメッセージである「訓示」は、トップ人事にも及んだ。

「すでに小口社長からは、九月末で社長を辞したいという申し入れがございました。しかしまだ皆さん方のだれに次の社長ができるのか全然わかりません。もう少し時間がほしい。せめて三か月から四か月時間をいただいて、おそくとも来年の四月一日には新体制をきちっと発表させていただきたいと思います。当然六月の次の株主総会には、私も顧問ではなく、会長に就任させていただくつもりでおります。日本電産から助っ人が来れば簡単なのかもしれません。しかし私は、過去にやってきたのと同じように、その会社は自立的に経営する、自主経営が一番いいと思っております。できれば、皆さんのなかから社長を選んで、また次もその次も、三協精機のプロパーの方が社長になっていただくというのがベストだと思っています。今回、橋本、藤井、山本が一緒に来ました。しかし、再建のメドが立ったら全員帰ります。今は病気をどう治すかということに関しては、私が指揮権をとらせてもらうということであります。したがって、小口社長が、しばらく社長を続投されますけれども、これは次の社長を選ぶための段階であるというふうに理解してください。だから、よし、私が次の社長やったろうという方がおられたら、いつでも手を挙げてください。もちろん手を挙げた方に全部やらせるわけにいきませんけれども、そのなかから選ばせていただきたいと思います。二〇〇四年の四月一日に大幅な人事と組織の運用をやるために、この六か月間まずきっちりと皆さん方の働きを見せていただいて、きっちりと公正公明に人事をやらせていただくということをお話ししておきます」

こうやって九十分に及ぶ永守の初めての訓示は終わった。

16　発　信

◇八項目の具体的メッセージ

この訓示のなかで永守が三協精機の社員に送ったメッセージと再建のための具体的な項目はこういうものだった。

×　×　×　×　×

1. 赤字は罪悪という意識の徹底と計画必達意識の向上
　i）会社はどんなことをしても黒字であること
　ii）全部門、全事業の黒字化の達成
　iii）決めたこと、約束したことは必ずやり遂げる
　iv）厳しいリスク会議のデイリー開催（時間外開催）
　v）現場現物主義の徹底（メーカーの原点は現場にあり）
　vi）営業利益率一〇％が健全経営の最低目標
　vii）キャッシュフロー最重視経営（売上げより利益、利益よりキャッシュフロー）
2. 社員モラールの向上
（当たり前のことを当たり前にやれる社員集団）

i）３Ｑ６Ｓ＝全職場八〇点以上（時間外自主活動による）
ii）出勤率＝全職場九八％以上（まず、休まず遅れずが原点）
iii）競争力を保持できる年間労働時間への改定
iv）会議は時間外または休日に開催（緊急は除く）
v）一人の一〇〇歩より一〇〇人の一歩（全員参加の経営改善）
vi）日々完結の徹底（今日のことは今日中にして帰る）

3．「経営五大項目プラス二」の徹底管理

i）品質＝五〇ＰＰＭ（百万分の一）〈二万分の一の意味〉以下
ii）材外費＝最終売価の五〇％以下
iii）在庫＝〇・四か月以下
iv）生産性＝従業員一人当たり百万円／月以上の付加価値高
v）経費＝一人当たり付加価値高の二五％以下（売上げ一億円当たり五百万円以下）
〈1〉売掛金＝四十五日以下（回収は早く、支払いは遅く）
〈2〉遊休資産＝有効活用の徹底、または売却の強力促進

4．営業マン一人当たりの訪問件数

i）営業部門は会社の機関車の役目を果すこと
ii）百件／月以上（うち、新規開拓三十件以上）

5. 三大精神の厳守

（情熱・熱意・執念、すぐやる・必ずやる・出来るまでやる、知的ハードワーキング）

i）開発スピード＝三倍アップ

ii）製造部門生産性＝二倍アップ

iii）直間比率＝五〇％改善

6. 購買力の徹底強化

（利は元にあり）

i）仕入先からの接待や贈答品の受け取りの厳禁

ii）3～5ステップネゴの徹底（世界一のコスト追求）

iii）前回比低減の徹底（全員参加によるコストネゴ）

7. 実力実績の人事・賃金体系の確立

i）学歴・年齢・社歴に関係ない人材登用を実行

ii）経営感性をもった人物の抜擢

iii）利益貢献度と業績変化率重視の人事評価の徹底

iv）競争原理の働いている賃金制度の確立

v）グローバル社員の優遇制度の実施

vi）ぶら下がり社員の再教育と再指導の徹底（怠け者は去っていく、良貨が悪貨を駆逐

する社風）

8．スピード感のある決裁体制づくり

i）経営幹部が即断即決で方向性を指示

ii）営業部門と開発・生産各部門の同期体制確立（営業が動いている時間に他の全ての部門が対応、マーケット順応を最重視）

iii）幹部の率先垂範体制（自ら手を汚す）

iv）QCDSSS（クオリティー、コスト、デリバリー、サービス、スピード、スペシャライゼーション《顧客の要望を満たした特殊化》）を最優先する組織と人事対応

v）日本電産グループの全面支援体制（共同購買や販売支援の強化）

× × × × ×

17 踏み絵

◇労働時間を延長せよ

訓示を終えた永守は、三協精機幹部と永守流経営を三協精機に浸透させるための具体的な段取りなど打ち合わせをした後、十一時四十五分から労働組合幹部との昼食懇談会を設けた。

そこで、永守は組合幹部に、朝の訓示で話した労働時間の延長について要請した。現状の年間総労働時間千八百七十五・五時間から一年間だけ二千八十時間に増やしてもらいたいこと。そして、一年後には日本電産と同じ千九百九十二時間にすることを約束した。さらに、始業時間である八時二十分に仕事を開始できるよう自主的に十五分前には出勤し、始業前の十分間を使って自分の周りを清掃してくれるよう頼んだ。清掃は永守流経営の根幹である3Q6S活動の始めの一歩である。

さらに、永守流経営のもうひとつの根幹である「遅れず、休まず」の指標である出勤率を高めてほしいと訴えた。日本電産が資本参加するまでの三協精機の出勤率は一貫して九〇%を割っていた。いいときで八八%から八九%だった。これが日本電産グループの平均出勤率である九九%まで高まれば、実質的に人件費は一〇%低下する。そして、労働時間が千八百七十五・五時間から二千八十時間に増えれば、ここでも人件費は実質一〇%低下する。これだけで、人件費負担は二〇%前後改善することになる。

永守はこう語る。

「それ（労働時間の延長）は時間の問題でも何でもないんです。要は踏み絵なんです。あなた方、この絵を今から踏んでくれますかと。若干苦い薬を飲まないかん。月給を一〇%カットするか一〇%労働時間を伸ばすかという話なんです。普通なら時間はそのままでいいです。しかし、一〇%人を切りますと言うんです。私は、時間は伸ばして人は切らんよという方式をとっているわけです。二百時間伸ばした分だけ労働時間が長くなる。残業代がつく時間が、今までだったら五時半からだったものが、六時半になる。残業手当も減る。しかしトータルの月給は一切カットしませんよという方式です。賃金には触らずに、単位時間当たりの単価を下げるということをやったんです」

組合幹部との昼食懇談会を終えた永守は、午後二時に茅野市にある三協精機の子会社である日新工機に出向き、朝一番で三協精機の全社員向けに行った内容と同じ内容の訓示をし、幹部社員との会議を持った。その後夕方の五時には三協精機の伊那工場に転戦し、全社員に訓示を行った。そして、六時半からは伊那工場の幹部を集めて夕食懇談会を開いた。

◇〝手弁当〟でコミュニケーション

永守はこの日を皮切りに、基本的には昼食の時間帯は若手社員二十人程度を集めた懇談会、夕食の時間は課長以上の幹部との夕食会を開いた。永守流の「コミュニケーション」術で、永守の仕事に対する考え方を浸透させるとともに、社員や幹部からの意見を吸い上げて、すぐに経営に反映させていくためだ。

永守は今回、三協精機の社員や幹部との会食費に関し、ポケットマネーで二千万円の予算を組んだ。コパルに資本参加したときは千二百万円。「大体千二百万円使い終わったころに最高益を更新した」と言う。定期的に全社員を集めて行う「訓示」とともに、永守流経営を浸透させるための重要なミーティングで、永守はこの機会を使って、一人ひとりの質問や疑問に一つひとつ答えていく。

永守は、資本参加した会社は必ず個人筆頭株主になっている。給料と講演料、そしてこの個人株主としての配当などが「ポケットマネー」の原資になっている。

初めての二泊三日の出張を皮切りに、基本的に毎週二泊三日のペースで三協精機に出張している。二〇〇四年九月までの十二か月間で一般社員および主任クラス計千五十六人と五十二回の昼食懇談会を持ち、課長以上の管理職とは三百二十七人と計二十五回の夕食懇談会を持った。

「なんでみんなと飯を食うかというと、食事をしたり、一杯飲んでできる話ならだいぶ様子が違ってくるから。ばか話でもしながら、わかりやすく話をする。みんなの質問を受け付ける。細かい話も出てきます。昼間働いているが、立ち作業でしんどいとか、休み時間になったら椅子が足らんとか言うわけや。そんなことなぜその場ですぐやらんのかわからんけど、そういう意見がいっぱい出てくる。囚人服みたいな作業服着せられて格好悪いとか、なんでバッジは男性に渡して女性にくれないのとか、そんな話がいっぱい出てくるわけです。それを全部解決していくわけですね、順番に。それが昼食会であり夕食会の目的なんです。当然僕は無給で手弁当だし、一切その会社から一円の金もとらないから組合も追及しようがない。飯代は全部僕のポケットマネーだから、誰も文句言わへん。毎週二泊三日で長野に来たときに、みんなにこの会社の将来の姿を説明する。一年たったらこうなりますよ、二年たったらこうなりますよとね。最初は誰も信用しないけどだんだん現実のものになってくるわね。利益がこれだけ出てきますと。だんだん数字が上がってくれば、社員の意識が変わってくるんです」

この昼食懇談会、夕食懇談会は、現場・現物・現実を重視する永守が、細かな不平、不満を解決しながら、当たり前のことをやってもらうよう社員を個別撃破する機会であり、経営者として、今後の経営の方向性をきちっと示し、社員の考え方を一致させて、ベクトルを合わすための機会でもある。永守はこうやって、「土壌改良」を進めていった。

◇一円以上の支出はトップ決裁

そして、一日も早く出血を止めるために行ったのがコストの徹底的な見直しだ。三協精機は九月八日付で「経費削減部」を新設した。あらゆる経費の削減、管理について目標を立て、毎月の達成状況を検証しながら翌月以降の取り組みに反映させるのが仕事だ。永守が初めて三協精機を訪れた八月下旬からほどなくして、社内横断の作業チームで取り組んできた活動を「部」に格上げした。経費削減部長には社内横断チームのプロジェクトマネージャーだった松尾智延（現・購買統括部長）が就いた。

そして、「一円以上の支出はトップ決裁またはCEO決裁をもらうこと」というルールを導入した。この「一円以上の支出はトップ決裁またはCEO決裁」ルールの効果は絶大だった。松尾が当時を振り返ってこう語る。

「経費が使えなくなりました。経費削減に一番効くのは、やめろですから。日本電産が資本参加すれば、当然相当厳しい経費削減が実施されるということで、九月六日にプロジェクトを発足させ、準備に動き出していました。ただ、最初のショックが一番大きかったですね。私どもから見ると、トップが一円以上の支出は全て出せということは、はっきり言って、考えられませんでした。しかし、稟議書の束を見せると、資料一枚当たり数秒から何十秒かけてパーッと見て、ポンポンポンと的確な指示がくる。ほとんどの人はトップが見ているということになりますと、評価されますから、評価される中身でないといけないという意識になる。これはすごいです。（永守さんは）本当に全部見てらっしゃいます。しかも早いんです。おかしかったら必ずチェックされます。この人はただものじゃないということで、あいまいなことは許されないということをみんなに話して、本気で徹底して取り組みました」

このとき、永守が現場に提示したのは購買で二〇％以上の削減、一般経費は半減という目標だった。しかも、これを半年の間で達成するよう厳命した。

これを受けて、松尾は経費削減部が事務局を務める全社プロジェクトである「Kプロ推進委員会」を立ち上げた。経費削減のKをもじって命名した。ここでいう経費とは、事務用品費、交際費、出張費、光熱費、書籍代など、人件費を除いたほとんどの経費だ。

委員会は社内各部署や事業所の予算管理担当者約二十人で構成した。まず、手始めにやったのは、予算の管理方法の変更だ。それまでは一か月に一回、予算の実行実績を集めて、経費支出の管理をしてきたが、これを一週間に一回に変更した。さらに、三協精機では「必要経費」という考え方があり、経費を積み上げ方式で予算化していた。この方式を百八十度変更した。

松尾はこの変化をこんなふうに表現する。

「それまではお小遣い十万円で、足りなかったら奥さんに追加でもらえていたんです。ところが五万円しか使えなくなった。五万円で過ごすことを徹底していくと削減ではなくて、まず使うのをやめるしかなくなったのです」

Kプロチームはこんな標語を作って、社員の意識改革を進めた。

『「これしかない、これしか使えない」

1．止めろ　2．止めろ　3．延期せよ　4．あるものを使え　5．仕様を見直せ

6．量を減らせ　7．適正な競り合わせ　8．5ステップネゴ

「ネゴれ　ネゴれ　ネゴれ　ネゴれ　ネゴれ」』

◇徹底した経費管理

Ｋプロは非常に地道な活動を積み重ねていった。たとえば、蛍光カラーペンを買いたいという要望が上がってきたとする。蛍光カラーペンを代替できるもので、社内で在庫のあるものはないかを点検する。色鉛筆の在庫があるから、これを使って、蛍光カラーペンの新規購買をやめる。文具で言うと、もっとも大きかったのが、書類を保存しておくためのファイルだ。要らない書類を廃棄し、使用済みのファイルのリサイクル方法を社内で統一し、再使用できるようにした。要らない書類とともに、使えないファイルは廃棄した。その数は数千冊に上った。そして、倉庫には三千冊のリサイクルファイルを保管した。これで、ファイル代の支出はなくなった。必要ならば、再使用できるようにリサイクルした中古品を倉庫から引っ張り出して使用するのだ。

実は松尾は経費削減部長に就く前から、様々な手法で経費を削減する試みをしてきた。文具に関しても、月間六十万円あった文具代を数年かけて二〇〇二年には十八万円まで削減していた。それが、Ｋプロを始めた十月から十二月は月間平均三万円、二〇〇四年一―三月は一万円弱に激減した。

様々な業界団体などの会費や交際費もバカにならなかった。三協精機は二〇〇三年九月で月間三百八十万円弱の交際費を使っていた。年換算すると四千五百万円強。これが、十月から二〇〇四年三月は月間平均八十九万円強と四分の一弱に減った。半年間で約千七百万円のコスト削減を実現した。業界団体などの会費の支払いは九月時点で三百二十万円強あった。これが、二〇〇三年十月から二〇〇四年三月は月間平均で四十万円強と一割強に減った。松尾たちKプロチームは定期的に支払っている経費をリストアップし、データ化して管理する仕組みを作った。実は、三協精機は、ものごとをシステム化することにかけては、日本電産を大きく上回る力があった。こういった力が業績回復に大きく役立つことになる。

「私も何年か前から経費削減にはだいぶ突っ込んでいたんですが、なかなかみんな言うことを聞いてくれなかった。しかし、今回は一気に意識が浸透しました」

松尾は笑い話でこんな話をする。

「会長（当時は最高顧問）に下手にティッシュを出したらどこで買ったと聞かれるんです。そして、『おれは銀行からもらった』と。とにかく徹底しているんです」

Kプロではこんな経費削減のアイデアも出ていた。トイレでの二度流し禁止。トイレに行って、女性は最初に水を流す人が少なくない。それをやめろというアイデア。さらには、「会社に来てトイレに入るな」という話も出たという。流す水がもったいないと、一回流すたびにいくらと金額を決めて課金するというアイデアも出た。

◇できるまでやる執念

Kプロは右往左往しながら、さまざまな策をまとめ、社内通達も次から次へと出していった。各部署で実行した具体策とすぐできるものは、全社の通達システムに理屈も何もなくどんどん具体策を載せた。たとえば、社長からの通達である経費令達には電子メールのCCは必要最低限とか、会議の効率化推進、電話会議の推進、出張の削減を載せた。

経費の出費実績などは毎週一回、永守に報告していた。報告するたびに「スピードが遅い」「まだ甘い」などと指摘を受けていた。十二月に入っても、なかなか目標である売上高一億円当たり五百万円という水準まで落ちなかった。とうとう、永守の雷が落ちた。

「何をやっているんだ。やればできる。必ず達成しろ」

松尾は日本電産から派遣された専務執行役員の橋本に相談し、十二月の仕事納めの日に全社員に一人三件以上の経費削減の提案をするよう要請した。提出期限は年明けの初出勤日である。集まった提案は約三千八百件、本社の社員一人当たり三・四件のアイデアが集まった。松尾は社員の再建に向けた意識と意欲の強いことを感じた。

Kプロメンバーを中心に全社員が参加した結果、二〇〇四年三月に初めて経費が五百万円を切った。三月までに五百万円必達という永守の厳命を「できるまでやる」「執念」で実現したのだった。これを実現するために三月は経費をほとんど使わなかったが、「社員の意識の変化が大きかった」と松尾は振り返る。

今では購買統括部のパソコンには、リース費用から、社宅の賃借料など一般経費に分類される様々な費用のデータが揃っている。副資材の単価から物流費や航空運賃などは三百六十五日、どこの会社がもっとも安いかというデータが入っており、日々データを更新し、「五万円の生活」が「四万五千円の生活」になってもあまり不自由せずに暮らせるような体制を整えている。

◇部門を超えたMプロジェクト

永守が指示した「出を制する」ためのもうひとつのプロジェクトが「Mプロジェクト」だ。部品や資材の供給先に納入額をまけて（MAKETE）もらうから「Mプロジェクト」と名付けた。Kプロジェクトは、各部門や事業所の予算管理担当者で構成したが、このMプロジェクトは各事業部の購買課長クラスを集め、推進委員会を作った。

このプロジェクトを開始するに当たって、永守が最高顧問に就いて一週間後の十月八日に、三協精機本社で取引先に価格協力をお願いするための「購買会議」を開いた。ここで、永守は、三協精機の部品調達価格は日本電産の部品調達価格に比べ割高で、基本的に二〇％以上引き下げる考えであることを鮮明にした。さらに、これからは、役員が直接調達価格の折衝に当たること。協力してもらえない場合には、日本電産グループと取引をしている会社との取引に切り替えざるを得ないことなどを説明した。

この会議に出席していた松尾は当時を振り返ってこう語る。

「とにかく凄かった。『まけてくれ』という言葉を五十回以上使ったのではないか。あれを聞いた部品供給先の方々の頭の中には鮮明に『まけてくれ』という言葉が残ったでしょう。しかも、具体的にどのような部品がどれくらい高いかなどを次から次へと指摘していくから、反論もできない感じでした」

三協精機は事業部制が徹底していたため、部品や資材も事業部ごとに調達していた。事業部をまたがって使用する部品や資材でも個別に調達していたから、数量がまとまらず、「バイイングパワー」が使えなかった。しかも、調達価格の見直しは半年に一度で、製品の価格が価格競争によって低下しても、その間は決めた価格で調達していた。

Mプロ推進委員会を設置したことにより、各事業部の購買担当者が委員会に集まり、価格情報を共有化できるようになった。これまでは事業部の壁があり、よその事業部の庭には入っていかなかった購買担当者が、この委員会を通して、他の事業部の調達価格に言及し合うようになり、より安い調達先への集中発注体制が出来上がっていった。そして、調達価格の見直しは半年ごとでなく、四半期ごとに見直すように変更した。百万円以上の部品・資材購入は全て永守がチェックし、高すぎた場合には突き返された。購買の機能を集中化し、社長までの間に三段階から五段階の価格チェックの関門を設け、その都度価格折衝を行い、日本電産並みの価格で調達する。さらには、そのデータをもとに、次の調達価格改定時には、前回よりも安い価格での納入を求める。

永守がもうひとつこのMプロに注文をつけた。製品の過剰スペックの排除と部品や材料の共通化だ。これは設計などの技術部門を巻き込んで、製品の切り替え時などに実現させていった。

◇絶対原価

トップを含めた三ステップから五ステップの価格折衝は、部品や資材にとどまらず、設備やサービスなど全ての購買に及んでいった。そして、三協精機のなかに新しい言葉が生まれた。「絶対原価」だ。VE（バリュー・エンジニアリング）の観点も含めて算定した絶対原価とは、これ以上安く買うと取引先も痛むし、製品の品質が悪くなる限界価格のことで、日本電産グループではこの価格で部品や資材を調達することが原則になっている。

経費削減部、そしてMプロ推進委員会を設置したことで三協精機の購買に大きな変化が起こった。まず、購買活動の基本が各事業部門判断による事業部門別からトップダウンによる全社購買に変わった。価格の見直しは半期ごとから四半期ごとに短縮化。価格折衝は事業部門ごとの個々の折衝からトップまでを含む階層別に三回から五回の折衝を行うようになった。そして、購買部の技術部門の要望するスペックを受けて購買していたものを、技術部門を巻き込んで部品のスペックを適正化するようになった。

永守は二〇〇三年十月一日以降、基本的に二泊三日で続けている三協精機出張の大きな目的のひとつをこう語る。

「三協精機の一番の問題はコストが高いことやから、コスト構造を一から教え直すことが目的です。鉛筆一本、ストロー一本の価格から『正しい価格』を教える。これさえ教えたら会社は儲かるんですよ。結局コストが高いということは高く買っているからなんです。それから、日本電産のモーターと競合しているモーターの製造ラインには三協精機には二十人いますが、日本電産には十人しかおらへん。どこが違うのか。設計の問題なのか、ラインの問題なのか。全部チェックする。そうすると、原因がわかってくる。そうするとだんだんコストは下がってくる。どうしても下がらない場合には日本電産が取引している業者を紹介する。ある業者が協力してくれへんかったら一時的に日本電産の業者使いなさいと。銀行でも金利下げんところは全部切りますよと。全部下げてくれた。最後はみんな下げます。保険料から何から全部そうです。何千枚という稟議書を見てきました。私の頭の中に全部データが入っているからすぐに正しい価格が書ける。今までの再建でも全部伝票見ているし、工場なども何か所も作っているから坪単価もわかる。こうやって車から何から、あら探すわけや。これをやるとあっという間に原価は下がっていくね」

永守は「正しい価格」を教えるために、あるモノを作らせた。それは「普通レベル」「グッドレベル」「ベリーグッド約五センチ四方のゴム印である。

レベル」と三つの枠があり、それぞれの隣に価格を記入する枠がある。三協精機の稟議書や伺い書（購入を打診するための書類）の右肩に必ずこの印が押してある。

たとえば、新たに設備を購入したいという稟議書が永守のところに回ってくると、そこに、「普通」は百万円、「この価格で購入すると収支はトントン」。「グッド」なら八十五万円、「営業利益が五％出る」。「ベリーグッド」なら七十五万円、「営業利益は一〇％出る」と具体的な指し値とその意味を記載する。そこからもう一回、現場での価格折衝が始まっていく。そして、この稟議書が何度も何度も何枚も何枚も社内を回っていくうちに、最初から「グッドレベル」の価格水準を目指すようになってくる。そして、組織の中に「絶対原価」が浸透してくる。「そうするとドーッと原価が下がって、利益が上がる。一年あれば十分正しい価格は指導できます」と永守は断言する。

18 スービック工場

◇短期立て直しの典型例

これより先、二〇〇三年九月上旬、フィリピンの米海軍基地の跡地を利用したスービック工業団地内にある三協精機フィリピンのスービック工場を視察した永守は「この工場はとてつもない可能性を秘めている」と感じた。

なぜか。永守の工場建設の哲学からいうと、まったく最低の工場だったからだ。六万六千平方メートルの用地取得に六百万ドル、三万七千平方メートルの建物に三千六百万ドル、第一期の設備用資金として三千万ドルと、総額七千二百万ドル（当時の邦貨換算で約九十四億円）を投じた「豪華施設」だったのだ。建屋の建設費用（坪単価）は日本電産基準の二倍、食堂や厚生施設は立派だが、肝心の生産設備にはお金をかけていない。「工場の機械設備は利用価値の低いものを使って、ハコモノだけ立派な工場」（永守）なのだ。

工場は「まったく最低」だったが、三協精機のＦＤＢ（流体動圧軸受け）に関する技術的な蓄積には目を見張るものがあった。流体動圧軸受け（Fluid Dynamic Bearing）はモーターの回転軸の軸受けにオイルなどの流体を使ったもので、回転軸と軸受けの間は潤滑油などの流体で満たされている。回転軸が回転するときには、軸と軸受けが非接触状態になるため、ボールベアリングを使ったものよりも、静かで寿命も長くなると言われている。潤滑油などの油を使ったものは「オイルベアリング」と呼ばれる。ＨＤＤ向けのモーターの主流になる仕組みと言われており、各社が開発にしのぎを削っていた。

永守は三協精機の技術力をこう評価していた。「三協精機が市場に出している製品を通じて、この会社はいいものをつくっていると思っていた。いわば技術がしっかりしていると。デュー・ディリジェンス（資産の精査）を通じて、特許もいいものをたくさん持っていることがわかっていた。三協精機の技術を生かせば、今後の世界規模での戦いも有利に展開できると確信していた」。

年が変わった二〇〇四年二月、永守は動いた。三協精機のＦＤＢ事業を抜本的に改革することにしたのだ。三協精機はＦＤＢモーター事業を廃止し、日本電産がスービック工場も引き取り、ＦＤＢモーター事業を日本電産に一本化することに決めた。

三協精機の業績の足を引っ張ってきた三協精機フィリピンの全株式は、日本電産に譲渡されることになった。三協精機フィリピン株の譲渡額は二億円。あらゆる合法的な手法を駆使して、経営を立て直そうとしたのだ。

三協精機フィリピンの二〇〇三年末の株主資本は二億円で、総資産は三十億円。二〇〇三年九月中間期段階でのＦＤＢモーター事業部門の売上高は約九億五千万円で、営業損益は二十六億九千万円の赤字。同事業が三協精機独自の力で黒字化するメドは全くたっていなかった。

三協精機の再建の重荷になっているＦＤＢに関する技術を継承して、日本電産の製造力で製品を作れば、次世代のＨＤＤ用モーターでも世界トップのシェアを確保できる。永守はこう考えた。

◇事実は小説より奇なり

永守はよくこういうことを口にする。「技術力は競争力の源泉だが、技術力があればお金を稼げるわけではない。技術力と収益力は別物だ」。モノ作りが好きな体質の会社は技術優先に陥りがちだ。「技術優先、商売二の次」の企業体質が、三協精機の経営が苦境に陥った原因であることがFDBモーター事業の変遷を見ると明らかになる。

三協精機は「二十一世紀の小型モーター市場の中核技術になる」と見て、一九八五年からFDBモーターの開発に着手した。技術開発は日本電産に八年先行していた。三協精機は九七年十月からHDD用の実用化に焦点を絞って開発を進めた。九八年六月に三協精機フィリピンを設立してからは、二・五インチ以下のHDD向けモーターに焦点を絞り、量産のための準備を進めた。

三協精機はそれまで、ボールベアリングを使った精密小型モーターをHDD業界に供給してきたが、三協精機フィリピンの設立とともに、一気に「脱ボールベアリング」「FDB特化」に舵を切った。

しかし、狙った市場でのモーターのFDB化は思惑通りには進まなかった。新規の受注は思うように入らず、大赤字の状態が続いた。

当時、HDD向けの組み立てロボットの納入などを通じて、HDDメーカーとコンタクトしていた安川員仁（現・日本電産サンキョー社長）は、当時の三協精機の状況をこう振り返る。

「ベアリングを使ったHDD用モーターでは日本電産の製品が価格も含め圧倒的に競争力

がありました。三協精機もベアリングを使ったHDD用モーターを手掛けていましたが、相手が悪かったものですから、撤退することになりました。その代わりに、まだどこも実用化していないFDBで勝負をかけようということでした。しかし、そのやり方がまずかった。ベアリングの比重をなだらかに減らしながら、FDBにシフトすればよかったのですが、ベアリングをすっぱりやめてしまい、顧客を失ってしまったのです」

三協精機は日本電産のベアリングを使ったHDD用モーターのコスト競争力、供給能力を含めた総合的な競争力を目の当たりにして、その戦場から撤退して別の市場を先行開拓し、そこで戦おうと考えたのだ。

しかし、顧客は三協精機がもくろんだようにFDBにシフトしてくれなかった。二〇〇四年三月期までの三年間の累積営業赤字額（約百三十二億円）の半分以上はFDBモーター事業が原因で、その負担が三協精機の経営そのものに大きな影響を与えることになったのだった。

三協精機は日本電産との真正面からの戦いを避けるために選んだFDB化によって、収益が悪化し、企業として存続できるかどうかの瀬戸際まで追い込まれた。そして、戦いの相手だった日本電産によって救われたのである。

19　3Q6S――永守流意識改革の真髄

◇六十点で事業は黒字化

日本電産グループの会社には、必ず3Q6S委員会という組織が存在する。この委員会が手掛ける3Q6S活動は永守流経営改革の真髄であり、永続的な経営改革活動のための仕掛けでもある。

3Qとは日本電産が目指す「Quality Worker（良い社員）」「Quality Company（良い会社）」「Quality Products（良い製品）」を意味する。この三つのQという目標を実現するために整理・整頓・清潔・清掃・作法・躾《しつけ》の六つのSを実行する。一般的に製造現場で使われる5Sと6Sの違いはSひとつ。永守は作法が大切だと信じている。モノ作りだけでなく、事業活動全体を見据えた活動である。日本電産ではこの3Q6Sをモノサシにして、各事業所を百点満点で評価している。「六十点ならば事業は黒字、八十点つけば最高益になる」（永守）という。

三協精機でこの活動の旗振りをしたのは、技術畑を歩んできた品質管理部長の柳沢深史（現・監査役付部長）だ。

柳沢は当時の状況をこう振り返る。

「私どもの会社は厳しい状態でしたから、日本電産が資本参加する前から、うちを救ってくれるような方々がお見えになるときは、工場の見えるところをきれいにしようとか、お客様が通るところをきれいに片付けるというようなことは少しはやったんです。けれども、徹底度合いが全然違いました」

3Q6S委員会という活動の推進組織をつくり、各職場に3Q6S責任者を任命した。そして、社長が朝礼で、全社にマイクを通じて「全社活動として取り組む」ことを宣言した。トップ自らが率先垂範して、この活動に取り組んだ。

◇実質マイナスの評価

永守が資本参加前の八月下旬に三協精機を視察したとき、3Q6Sは百点満点で五点だった。永守は当時の状況をこう語る。

「百点満点で五点ということは、ゴミ溜め。工場を見ると、油は散り放題、切り子は飛び放題、従業員の作業服は真っ黒。ねじなどのものが落ちとっても誰も拾わない。こういう工場です。お客が来ても従業員は『いらっしゃいませ』も言わない。守衛はグーグーいびきかいて寝とる。こういう感じ。本当だったらマイナス十点と言いたかったのやけど、マイナスというのは良くないから、五点というゲタを履かせた」

二〇〇三年十月に3Q6S委員会を立ち上げるとすぐに、日本電産から3Q6Sの伝道師が3Q6Sの監査にやってきた。現・3Q6S担当社長付常勤顧問の田村昭治である。3Q6Sの最初のステップは整理・整頓と清掃。柳沢は第一ステップで田村から強烈なパンチをくらった。

「一番ひどかったのは、更衣室のロッカーの上。ほこりだらけなんです。そんなところの掃除なんか全然意識が行かないのです。せいぜい下を掃除機でかけるぐらいで。そしてトイレから始まって全部チェックしていただきまして、『なんだこれ二十五点だ』と言われました。全くダメという評価でした」

◇実践を通じて育む意識改革

この監査をきっかけに、日本電産グループで共有している「3Q6Sマニュアル」を教材に委員会の人間が田村から3Q6Sの指導を受けた。これを全社に展開するために、マニュアルの部数が足りず、コピーをして全員に配布した。

そして、全社運動としては始業前の八時から八時十分まで、各自の周りを清掃することから始めた。従業員だけでなく、役員もやった。QC（品質管理）活動のような現場の改善活動ではなく、トップも含めた全社活動にした。

監査の最中、田村はそこらじゅうの窓枠を指で確かめた。ほこりがあるかどうかを確認したのだ。委員会のメンバーはこれを見て「ただなでるだけ、きれいにするだけではなく、きちんと掃除をやらなきゃいけない」と認識した。雑巾がけ、窓拭きとか、絨緞《じゅうたん》に掃除機をかけるという活動を続けるうちに、社員の掃除のレベルは磨きがかかっていった。でこぼこの曇りガラスを歯ブラシで磨く社員、ブラインドを一枚一枚磨き出す社員も出てきた。毎日の始業時間前の十分間ではやりきれないところを掃除するために、毎週水曜日の午後五時半から六時まで念入りに掃除することも始めた。

掃除で一番頭を抱えたのはトイレ掃除だった。3Q6Sの監査では、トイレの周辺に飛び散っている滴まで指摘される。

それまで、三協精機は掃除を外部の業者に委託していた。ところが、業績が悪化する過程で、経費削減の一環として、掃除の頻度がどんどん少なくなっていった。トイレは酷い状況だった。率先垂範を示すために、まず役員がトイレ掃除を始めた。そして、課長職以上の社員が週末に集まり、半日使ってトイレを掃除した。役員と管理職が従業員に任せられる水準まできれいにしたうえで、意識の高い従業員も当番制でトイレ掃除を担当した。

さらに、この管理職による週末トイレ掃除の習慣は「整理整頓」に波及した。管理職が月に一度土曜日に出てきて、ダンボールに入っている伝票からゼムピンやカーボン紙をはがして処分した。また各部署に大量に保管しているファイルは、委員会でリサイクルの統一基準を作成し、背表紙やタイトルをとってリサイクルするものと廃棄するものとの峻別をした。不要なファイルと書類だけで、「トラックを数十台頼んで処分した」(柳沢)という。その後は老朽化した本社や工場の建て屋の壁や柱のペンキ塗りに活動が広がった。そして、土曜日が忙しくなってきたため、平日の終業後、午後九時くらいまでの時間帯も活動した。

柳沢は清掃活動の利点をこう語る。

「社員が『磨けば短時間に光ってくる』『その効果が目に見えてわかってくる』って言うんです。ある種の達成感というのか。みんなでやれば成果が出る。そういうことを体感させてくれた部分がある」

経営企画部で一連の動きをつぶさにモニターし、自身も3Q6S活動をしてきた矢崎和洋（現・経営企画部長）もこう言う。

「不思議なもので、便器を自分で掃除すれば、その後きれいに使おうと思いますし、人にもきれいに使ってもらいたいと思います。何か壊れているものを見ると、『あ、会社ののが壊れている』という気持ちになります。今までは壊れたら総務に言えばいいとか、自分にはあまり関係ないという世界だったんですけど、意識が変わりました。ものを大切に使おうとかそういう気持ちは自然に芽生えつつあります。何か自分のもののように感じる、親身に感じてくるんです」

◇「6S」から「3Q」へ

整理、整頓、清潔、清掃、作法、躾の6Sだけをやっていても、3Q6Sの点数は上がらない。これらの活動を業績向上にどう結びつけるか、日本電産がグループとして重要課題に挙げている項目を達成するために、どのような活動をしているかも重要な評価ポイントになる。3Q6S活動が現場の改善活動にとどまらず、経営改善運動につながっていくのはこの仕掛けがあるからだ。

経費削減をするためのKプロジェクトと連携して、資産台帳の徹底的な洗い替えを実施し、売却できそうなものは「商品化」を進めた。たとえば、使っていない機械は倉庫に入れておくのではなく、とりあえず磨いて、きれいにして、油を塗って、きれいに包装して売れるようにする。遊休資産のカタログを作成し、お客様が「実物を見たい」と言ったときにはすぐに見せられるようにしておく。売れないものは処分した。管理職が使っていなかった機械や検査機器を全部工場から引っ張りだして、埃まみれになりながら仕分けた。

柳沢は3Q6S活動をこう分析している。

「私はISO（国際標準化機構）もやっていますので、ISO9001の監査と似たような感じかなという感覚は私も思っていたんですが、3Qへの展開、具体的には経営五大項目への展開が重要なのです」

柳沢は三協精機でどのように3Q6S活動を浸透させ、その活動レベルを高めていくかの方策を練るために、日本電産グループで最も高い八十五点という評価の日本電産コパルに見学に行った。

柳沢はコパルを見学して、そのレベルの高さに驚いた。

「工場そのものが商品というか、3Q6S活動そのものが、仕事の中に完全に組み込まれていました。たとえば、ある職場の技能者や作業者のスキルなどの評価が掲示板に張り出されている。工場では各ラインの繁閑によって、従業員をシフトさせなければならない。掲示板で、ウィークリーの業務目標から始まって、生産実績などがわかり、その情報をもとに人員配置ができるようになっている。整理整頓では、仕事の流れが的確にいくように生産性の改善と完全にかみ合った活動をしている。そこの責任者に課題は何ですかと聞くと、掲示板に記載されていることで説明できるのです」

◇連動する業績回復

三協精機の3Q6S活動は始まったばかりだった。

しかし、永守に「五点」、田村に「二十五点」と言われた点数は、二〇〇四年六月には五十点を超え、年末には六十八点まで高まった（直近の監査では七十点を超えるレベルに到達）。

これに対応するかのように、三協精機の四半期の連結業績は二〇〇三年十―十二月期が売上高二百八十一億五千五百万円で、営業損益が七億六千四百万円の赤字だったのが、二〇〇四年一—三月期は売上高二百五十六億四百万円、営業損益は四億四千二百万円の黒字に転換した。二〇〇四年度に入ると業績改善は一段と鮮明になり、四—六月期は売上高二百九十一億千六百万円、営業利益は十八億二千七百万円に拡大した。七—九月期は売上高三百十二億四千六百万円と月間平均売上高が百億円を突破した。営業利益は二十六億七千八百万円で、売上高営業利益率は八・六％。日本電産が資本参加後に、三協精機に対して課題として与えた最低達成目標である一〇％に迫った。

Kプロジェクト、Mプロジェクト、3Q6Sの成果は着実に上がった。二〇〇五年三月期の連結売上高は千二百二十三億円とその前の期に比べ一四・五％増加、財務体質を改善した効果で営業外損益は黒字化した。営業利益百三億円五千三百万円（その前の期は四十六億六千万円の赤字）、経常利益百十二億四千六百万円（六十五億二千四百万円の赤字）、当期利益百七十七億九千五百万円（二百八十七億千七百万円の赤字）と利益は過去最高を更新した。日本電産が資本参加して二期目に、三協精機は過去どうしても打ち破れなかった最高益を更新できた。二〇〇六年三月期は売上高こそ前年を〇・三％下回る千二百十九億九千四百万円だったが、営業利益は一七・四％増の百二十一億五千百万円、経常利益も三二・五％増の百四十九億円強と二ケタ増益基調が続き、売上高営業利益率は九・九六％に高まった。

20　もうひとつの再建物語・ロボット事業

◇「これで新規契約もとれる」

二〇〇三年八月五日、日本電産が三協精機の第三者割当増資を引き受け、三協精機の筆頭株主になることが明らかになったとき、執行役員でロボット事業部門であるＲＢＴディビジョンプレジデントとして、液晶ガラス基板搬送用ロボットを生産する伊那工場を統括していた安川員仁は「これでお客さんを引き止められる」と思った。

この二年間、安川は成長の手ごたえを感じていた液晶ガラス基板搬送用ロボットを中心とするロボット事業の存続のために、悪戦苦闘してきた。いくら製品の質がよくても、三協精機の先行きに対して、大きな不安を持っている顧客はなかなか、新規の契約を進めてくれない。安川たちがいくら「わが社がロボット事業をやめることは絶対にありません」と説明しても、信用してくれなかった。納入先にとってロボットは、基幹設備のひとつであり、安定的に技術サービスを受けられることが欠かせない。しかし、三協の業績はこの二年間、急な坂道を転げ落ちてきた。巷では企業の存続可能性を危ぶむ声も出ていた。

二十二社の企業再建の実績をもつ永守重信率いる日本電産が後ろ盾になってくれたことで、安川は、「顧客が最も懸念していた経営不安が解消され、新規契約がとれる」と思った。

◇「第六世代」で先陣

時計の針を、日本電産が資本参加する二年前の二〇〇一年に引き戻す。

安川はそれまでの約六年間、営業や購買などの部署を担当し、二〇〇一年春から生産技術本部長を務めていた。

古巣の伊那工場では、二〇〇一年に第六世代の液晶ガラス基板に対応する搬送ロボットを開発中だった。韓国の液晶パネルメーカーであるLG電子の旧知の人間ともった酒席での会話をきっかけに、LG電子から開発を要請されたのだ。

当時はちょうど、液晶用ガラスは第五世代と言われる大きさのガラスが主流になったところだった。一枚のガラスが大きいほど切り取れる画面数は多くなる。画面の大型化とともに、ガラス基板が大きければ大きいほど生産効率は向上する。

たとえば、第五世代のガラス基板からは二四インチの液晶パネルは八枚とれる。しかし、画面が大型化して、液晶パネルが三二インチになれば、三枚に減る。しかも、一枚のガラス基板の無駄も多い。これが第六世代のガラス基板ならば、三二インチ液晶パネルが八枚とれる。生産効率は二・六倍に高まる計算だ。

液晶パネルメーカーにとって、先行者利潤を得るためには、いち早く他社より大きなガラス基板を使って、液晶パネルを量産することが不可欠なのだ。

安川はこう考えた。「三協精機は第六世代向けの搬送ロボットで先陣を切れた。液晶パネルメーカーはガラスの大型化とともに、ロボットも更新しなければならない。この分野は設備投資サイクルという変動はあるだろうが、液晶パネルはパソコンから家庭用のテレビに用途が広がっている。今後も確実に成長する」。

◇枯渇する新規事業資金

しかし、バブル崩壊後の長引く日本経済の低迷、急激な円高、海外への生産シフト、グローバル化に伴う競争激化等によって、すでに三協精機の足腰は弱っていた。新しい事業に供給する資金はどんどん枯渇していた。

二〇〇一年五月、三協精機は二〇〇一年三月期決算を発表した。連結売上高（以下、売上高）はその前の期に比べ三％減の千三百五十四億円、連結営業利益（以下、営業利益）は同四八％減の三十二億円強、連結最終損益（以下、最終損益）は十七億円弱。減収減益決算だ。

同時に発表した二〇〇二年三月期の業績見通しは売上高六・〇％減の千二百七十三億円、営業利益も七・一％減の三十億円、最終損益は十二億円の黒字。減収減益決算は続くが、黒字は確保できるという見通しだった。

それから約三か月後の二〇〇一年八月二十四日、三協精機製作所は業績の下方修正を発表した。

二〇〇二年三月期の業績見通しを発表して三か月たって発表した業績見通しは、三協精機が一気に業績悪化の坂道を転げ落ちていることを実感させた。

売上高は千百十億円、営業損益は四十一億円の赤字、最終損益も五十六億円の赤字。三か月の間に、売上高で百六十三億円、営業損益で七十一億円、最終損益で六十八億円も悪化したのだった。

業績悪化は止まらなかった。さらに三か月後の十一月二十一日に発表した九月中間決算での業績見通しは、売上高がさらに二十億円減少し、営業損益で五億円、最終損益では十九億円もの赤字拡大という発表だった。

◇ロボット事業から撤退？

三協精機は中間決算の発表に合わせて「業績改善に向けた諸施策について」という抜本的な収益構造改革策を打ち出した。

その骨子は、①国内の生産拠点を統廃合し、中国にシフトする、②人員を削減する、③流体動圧軸受け（ＦＤＢ）モーターの事業化と新製品の開発——の三点。

生産拠点の統廃合の中核的な施策は、主力製品であるモーター事業に関して開発を除くすべての機能を三協精機深圳有限公司に集約すること。現地化による顧客対応の迅速化、部品や設備、冶工具の現地調達によるコスト低減、そして、低賃金の労働者を活用することによる労働コストの削減などを狙った。

この影響で、工場閉鎖計画の俎上に上った国内工場は、タイムスイッチなどの生産拠点だった飯田工場（長野県飯田市）、磁気カードリーダーやオルゴールを生産していた諏訪工場（同諏訪郡原村）、そして液晶搬送装置などの産業用ロボットの生産拠点である伊那工場（同伊那市）。これらの工場で生産していた製品は、海外の生産拠点や国内では本社敷地内にある下諏訪工場（同諏訪郡下諏訪町）と駒ヶ根工場（同駒ヶ根市）や協力工場に移管する方針だった。

さらに子会社のマイクロモーター製造の高遠計器（同駒ヶ根市）、磁気カードリーダー製造のタテシナ電子（同茅野市）も二〇〇二年三月に閉鎖する方針だった。

海外ではアメリカの子会社の統合、スイスの販売子会社の業務を停止して独法人に機能を集約したほか、香港子会社の機能を縮小するとともに、中国・広州にあった孫会社の出資分を韓国企業に売却した。

国内拠点の統廃合によって、子会社の従業員二百二十名は退職。さらに、国内工場の従業員には配置転換に伴う異動ができず、早期退職する人員が約二百名に上る見込みだった。要は四百二十名を「リストラ」するはずだった。さらにこれ以外にも約二百名を人材派遣などの関係会社に出向させ、人件費を削減する方策を明らかにしていた。

安川が危惧したのは、伊那工場（現・伊那事業所）が統廃合の対象になっていたことだった。伊那工場は、桜で有名な高遠にほど近いところに立地していた。桜の時期には、観光客が高遠の桜と間違えて、伊那工場の敷地付近まで桜見物にくるような場所だ。業績悪化で資金繰りにも困っていた三協精機は、なんとか、工場を整理統合して、不動産を売却し、キャッシュを手にしたかった。いくつもの工場のなかで、換金性の高い物件が伊那工場だったのだ。工場用地は売却するが、液晶ガラス基板搬送用ロボットの生産は駒ヶ根工場に移す計画だった。

しかし、顧客は「伊那工場閉鎖」を「液晶ガラス基板搬送用ロボット事業撤退」と受け止めた。

安川は当時の状況をこう振り返る。

「撤退じゃなくて、あそこが場所的にも町の非常にいいところにあるものですから、一番売れそうだということで閉鎖の対象になったんです。でも、あそこを売りたいという話から、うわさがうわさを呼んで、話が撤退になっちゃったんです。お客さんが撤退と思い込んでしまったものですから、事業としてもまずいなということになって、新規の契約は全然進みませんでした」

◇有望市場に開発競争も激化

バブル崩壊後の九五年当時、三協精機は液晶ガラス基板搬送用ロボットを松下や東芝、日立などの「液晶パネルメーカー」に納入する液晶関係のロボットのトップメーカーの一面を持っていた。

当時工機事業部伊那工場ロボット部長だった安川が、HDD（ハードディスク装置）の自動組み立てロボットを納入していた関係で、あるメーカーの担当者から「ノートパソコンの液晶はこれからガラスが大きくなるから、ガラス基板の自動搬送ロボットは面白いかもしれないよ」と言われ、開発に力を注いだ製品だった。

八〇年代後半に六社程度あった競合他社は、九〇年代半ばまでに次々に脱落していった。顧客からの注文と資金さえあれば、液晶ガラス基板搬送用ロボットのトップメーカーであり続ける自信はあった。

「なんとか、LG電子向けの納入実績をテコにして、事業拡大を図りたい」。安川は毎日そんなことを考えていた。

営業の最前線で液晶ガラス基板搬送用ロボットを担当していた大平貴臣（現・伊那事業所長）は、当時の状況をこう振り返る。

「お客様は設備を買う立場として、安定供給が受けられるかというにものすごく神経質ですので、各社さんからはお問い合わせもたくさん来ました。自分の会社に来て、購買部長様にちゃんと説明しなさいという要求も出たりしました。しかし、私たちがそこでいくら大丈夫だと言っても、やっぱりだめでした」

世の中では、シャープが「テレビはすべて液晶にする」と宣言し、量販店の店頭でも、液晶テレビが着実に売場を広げていた。日本、韓国、台湾の液晶パネルメーカーの開発競争が激しさを増していた。

ガラス基板のサイズでいうと、二〇〇〇年ごろから量産化されていた第四世代（六八〇mm×八八〇mmまたは七三〇×九二〇）はすでに過去のものとなり、二〇〇一年には第五世代（一〇〇〇×一二〇〇または一一〇〇×一三〇〇）の量産が立ち上がりつつあった。そして、第六世代（一五〇〇×一八〇〇）、第七世代（一九〇〇×二二〇〇）を見越した設備投資計画さえ浮上していた。

◇「勝負のとき」に勝負にならず！

ハイテク産業特有の投資のサイクルという変動はあるが、成長が確実で、着実に稼げる市場があるのは確かだった。三協精機という会社そのものの先行きを不安視していながらも、顧客はすでに使っている三協精機製の液晶ガラス基板搬送用ロボットの性能を評価しており、少しずつではあるが、注文が舞い込み始めていた。ガラス基板の世代交代をにらんだ液晶関連の設備投資熱が次第に加熱してきた。

そこで、安川は「プライベートショー」の開催を企画した。「うちの技術力に対する顧客の評価は高い。他社には真似できない制御技術もある。LG向けだけにしておくのはもったいない。韓国、台湾をはじめとした液晶パネルメーカー向けにプライベートショーを開催して、飛躍のきっかけにしたい」。

液晶ガラス基板搬送用ロボットの製造拠点である伊那工場に顧客を招待し、最先端の製品を目の当たりにしてもらおうという作戦だった。

二〇〇二年十一月に約一か月間開催した「プライベートショー」は大好評だった。目玉の液晶ガラス基板搬送用ロボットは次世代(第六〜第七 世代)用として開発した製品で、〃世界初〃となる二一〇〇×二二〇〇の基板サイズまで搬送できる仕様だった。得意の制御技術を駆使し、省エネ・高精度を実現した自信作だ。

このショーで新製品を受注し、二〇〇三年一月から量産を開始する計画だった。

しかし、これから量産という局面で、三協精機はすでにひん死の状態に陥っていた。特に、主力のモーター事業の落ち込みが激しかった。

三協精機は、次世代モーターの主流になると見込んで、流体動圧軸受(FDB)モーターに傾注していた。既存のベアリングを使うモーターは日本電産との競争が厳しく、乾坤《けんこん》一擲《いってき》の新技術ともいえるFDBに切り替えることで、日本電産との競争を避ける作戦を立てた。二〇〇一年には松下電器産業グループのモーター子会社との協業も決め、〇三年一月には製品出荷も発表した。

しかし、何をしても焼け石に水だった。

二〇〇三年三月には、二〇〇三年三月期の業績をさらに下方修正した。連結売上高見通しは千五十五億円と直前の予想を八十五億円引き下げた。最終損益は九十八億円の赤字と赤字幅は四十四億円拡大した。業績修正を発表した翌日、前年三月に設定・契約した八十二銀行を主幹事とする協調融資枠八十億円を更新した。銀行にとっても、これを更新しなければ三協が立ち行かなくなり、不良債権を抱えてしまうことになるという苦渋の決断だった。

三協精機は運転資金もままならない状況に陥っていたのだ。

取引先の液晶パネルメーカーの設備投資意欲はどんどん高まっている。競合他社はここぞとばかりに取引先に営業をかけている。しかし、自分の会社はどんどんおかしくなっていく。東京でロボット関係の営業を担当していた大平貴臣は、こう感じていた。大平は、もともと伊那事業所で加工機の技術者をしており、ロボット部隊とは同じ釜の飯を食った仲の伊那事業所出身者である。

「ロボットの主力工場を売却するということは、会社の中でのロボット事業の位置づけが軽くなっているというイメージがありました。場合によっては、たとえば事業売却という形で、競合他社さんにロボット事業を売却することもあり得るかもしれないとも思っていました」

伊那工場の液晶ガラス基板搬送用ロボットにかかわる社員、そして、東京・新橋にいた営業部隊の面々は、そんな不安を抱えながら、夏を迎えた。

◇SKILAM開発と安川員仁

安川はどうしてもロボット事業を諦められなかった。技術には自信があるし、顧客からの信頼も高い。なのに、なぜ。

実は安川は三協精機のロボット事業の開拓者の一人で、社歴をたどってみると、三協精機のロボットの歴史と重なる。いわば、ロボット事業とともに歩んできた人物だ。

安川は一九五〇年（昭和二十五年）、福島県いわき市小名浜で、従業員を百人近く雇っている魚屋に生まれた。鮮魚の加工も手掛けていた父、安川市郎は昭和二十年代に「さんまのみりん干し」を開発した人物として知られる。

市郎は千葉県の銚子から小名浜に移り住み、第二次世界大戦前は鮮魚加工のひとつとしてイワシのみりん干しを作っていた。昭和十年代に入ると、それまで豊漁だったイワシの不漁が続き、イワシに代わってサンマが多く獲れるようになってきた。しかし、冷凍技術も未熟な時代だったため、せっかくの漁果も腐ってしまうことが少なくなかった。市郎は地元の水産試験場に資金を提供して、さんまを長持ちさせる加工法を研究してもらった。

その成果が「さんまのみりん干し」。市郎氏が製造方法を広く公開したことから小名浜でサンマのみりん干しを製造する干物屋が次々と出てきた。もともとは鰹節の産地として有名だった小名浜が日本最大の「さんまのみりん干し産地」に育ったのは、安川の父親のおかげと言われている。みりん干しが開発されたのは、安川が生まれる二年前のことだった。

安川は地元の小学校と中学校を経て、福島工業高等専門学校機械科に進み、一九七一年（昭和四十六年）に卒業した。福島高専の担当教授が、三協精機の創業者のひとり山田六一と山梨大学（当時は山梨高等工業）の同級生だった関係で、三協精機に入社した。入社当時は、サンマのみりん干しを開発した実家の魚屋を継ぐことを前提に、三年間だけ信州の三協精機で「奉公」するはずだった。

機械科を卒業した安川は、当時の三協精機の看板技術だった生産技術畑に配属された。安川は語る。「そこで三年間生産技術をやって、それで帰ろうと思っていたんです。でも、非常におもしろくて、そのままずっと居ついちゃったんです。社内の設備の開発をやって、その後、今の伊那工場で外販向けの生産設備の開発をしました。伊那事業所で加工機、自動組み立て機から、最後はロボットまでいくんですけれども、そういうものの開発をずっとやっていました」

ロボットとの出会いは一九七九年。当時、山梨大学工学部の牧野洋教授の許に十三社の企業が集まり、SCARA《スカラ》(Selective Compliance Assembly Robot Arm)研究会を開催していた。英文の通り、「選択的に命令に柔軟に対応する組立用ロボットの腕」の研究を進める集まりだった。三協を代表して、安川など数名がこの研究会に派遣された。八〇年十一月からは伊那北工場(現・伊那事業所)内に開発課が設置され、スカラ研究会の成果を使ったロボットの開発が本格的に始まった。そして、翌年の六月一日には第一号製品「Sankyo SKILAM」が出荷された。納入先は大手オーディオメーカーだった。

製品名の「SKILAM」(スキラム)は英語のSkill Arm(巧みな腕)を短縮した合成語だ。このとき、安川は他の三名の社員とともに、「スキラムの開発・製品化における功績」が認められ、社長表彰を受けている。

そして、翌八二年二月、三協精機は米IBMに対して、スキラムのOEM供給契約を締結した。IBMは、自社のソフトウエア技術と三協のメカを組み合わせて、FA(ファクトリー・オートメーション)事業への進出をもくろんだのだ。この提携のおかげで、三協精機は、「ロボット生産月産百台、年間千台以上」というトップメーカーに駆け上がった。ただ、この提携はIBMの思惑通りではなかったようで、IBMがFA業界から撤退したため八年で終わったが、大きな遺産を残してくれた。

組み立て機械としてのロボットは三協精機が生産するが、ロボットを制御するソフトウエアはIBMが開発していた。IBMのFA事業に使うソフトウエアはIBMが開発するが、三協精機が単独でロボットを販売する際に必要なソフトウエアは自ら開発しなければならない。三協はIBMに教えを請いながら、独自の制御ソフトを開発した。しかも、IBMが事業を撤退する際に、ソフトウエアも含むIBMの事業資産をそのまま継承した。「ひょうたんから駒」で、ロボットの頭脳部分を手に入れることができたのだった。

この種《たね》を仲間とともに育ててきたのが、安川だった。

◇NIDECグループで世界一をめざせ

そして、朗報は突然舞い込んできた。

二〇〇三年八月五日午後四時半、日本電産の永守重信は東京証券取引所にある記者クラブである兜クラブの会見室で、三協精機製作所社長（当時）の小口雄三と並んで、資本提携および第三者割当による新株発行に関する記者会見に臨んだ。

「このたび、日本電産と三協精機製作所は資本提携をすることになりました。日本電産が三協精機製作所の第三者割当増資を引き受けることを、本日、両社の取締役会において決議しました。この割当増資により、日本電産は三協精機製作所の筆頭株主になります」

この知らせを聞いた安川はすぐさま、営業部隊に連絡して、自ら客先を回る準備にとりかかった。

安川は当時をこう振り返る。

「いくらお得意さんを回ってもこの会社（三協精機）は大丈夫なのかということを言われました。ロボットそのものの評価は高かったんですが、会社としての信用度が落ちていたんです。そんな状況のなかで、ちょうど、本当にグッドタイミングで日本電産が出資して筆頭株主になることになったのです。もともと営業も担当していたので、私が直接お客さんのところに出向いて『今度日本電産グループに入りました。これで御懸念されていた問題は解決します』ということをお話ししました。ただ、日本電産ですから、日本のお客さんには『大丈夫かい？ やっていけるのかい？』という声はありました。なかには『売っちゃうんじゃないかい』ということをいうお客さんもいました。私は、『永守さんのこれまでのやり方を見ればわかります。そんなことはありません』と説明しました」

安川は顧客には、「これで安心してうちに発注してもらえます」というメッセージを伝えたが、胸の中には一抹の不安は残っていた。伊那工場で生産しているのはモーターではない。永守はロボット事業を整理するのではないか。このことが伊那工場の面々にとっても不安の種だった。

二〇〇三年八月二十一日（木）の午後、不安は驚きと歓喜に変わった。前日から三協精機の視察に来ていた永守が伊那工場を訪問し、全従業員を前にこういう趣旨の宣言をしたのだった。

「この工場は整理統合の対象になっていましたが、白紙に戻します。液晶産業はまだまだ伸びる産業です。その産業を支えるロボットを作っている伊那工場は三協精機の中核的な収益源になる可能性を大いに秘めています。ロボットは、モーターの塊です。日本電産グループは『回るもの、動くもの』を事業にしています。この伊那工場で生産しているロボットはモーターの応用製品です。日本電産グループはモーター単体だけでなく、応用製品でも世界市場でナンバーワンになりたいと思っています。この工場はその原動力になれるのです」

工場内にある食堂に集まっていた社員は、思わず歓声をあげた。

◇半年遅ければ消滅していた事業

なぜ、永守は伊那工場を売却せず、ロボット事業の強化をぶち上げたのか。

永守は三協精機のマイクロステッピングモーターなどの精密特殊モーターの技術を高く買っていた。カードリーダー、ロボットなどのモーター技術応用製品に関する技術は日本電産に足りない技術だと思っていた。

「ロボットというのは、中身の六割か七割はモーターなんですよ。モーターの固まりみたいなもんですから」。モーターを単体で納入するだけでなく、モーターとその周辺技術を駆使して、より付加価値の高い応用製品を手掛け、収益を拡大する。そんなシナリオを実現する有力な事業と判断したのだった。

「永守効果」「日本電産効果」はすぐに現れた。

永守が伊那工場を視察し、従業員の前で「絶対にこの事業は伸ばす」と宣言したことから、営業部隊は顧客に対して正々堂々と「三協精機はこの事業を強化していきます」と言えるようになり、顧客も不安なく三協精機に注文を出せるようになった。

当時の状況を安川はこう述懐する。「我々ロボット部隊にとってみれば、本当にぎりぎりセーフという感じでした。後で聞きましたけど、会社自身も非常にぎりぎりだったんですね。ロボット部隊とすれば、あと半年違っていたら、多分違う構図になっていたかもしれないです。あのころから、競合他社さんがみんなやめていったんです」。日本電産の資本参加とほぼ同時に、三協精機のロボット事業を取り巻く環境は一気に変わっていった。永守が競合他社の脱落を呼び込んだとさえいえるようなタイミングだった。

ただ、伊那工場は「うれしい悲鳴」ではないが、頭の痛い問題を抱えた。それまで発注を抑えていた顧客が一気に注文を出してきたため、受注をこなしきれず、生産現場が大混乱していたのだ。

顧客が発注したものが納期に間に合わない事態が頻発した。三協精機の液晶ガラス基板搬送用ロボットの生産システムは、おおざっぱにいうとこういう仕組みだ。まず、必要な部品をコンピューターを使って発注し、部品が納入された後は、その機器にあった部品を、組み立て行程を考慮して、部品群ごとにひとまとめにする。組み立て担当者は、必要な部品を順番に組み付けていく。

ところが、この部品受発注システムと部品の準備工程がかみ合わなくなり、必要な部品が準備できていないことが起こったのだった。

当時、ロボットの営業を担当していた大平は、顧客の声を代弁するように伊那工場に「せっかく顧客から注文をいただいたのに、どうしたんだ。納期に間に合わないということは信用を失うことになる。なんとしても納期に間に合わせてくれ」と連日のように催促の電話を入れていた。

◇情熱・熱意・執念があればできないことはない!

東京から伊那まで頻繁に出張し、顧客と決めた納期に間に合わそうとしていた大平は、当時の工場の状況をこう解説する。

「納期に間に合わそうと、生産の順番を変えたことで、部品とそれを使って生産する機種がうまく同調しなくなったんです。生産の仕組みが一度混乱をすると、どうしてこんなことが起こるのかという、人間には想像できないようなことが起こっていました。たとえば部品が製造ラインに並んでも、その部品がどこの機種向けなのか、人間にはわからない状態だったんです。仕組みが整然と動いているときは、この部品はこの機種用、こちらはこの機種用と、順番に引き当てていきます。しかし、ある部品が納入遅れになって、生産が滞留し始めると、何番目の何という機種の部品はどれなのかわからなくなってしまったのです」

大平は、この混乱を収拾するために、最も優れた知である「人」を使った。納期の早い機種から、必要な部品を手作業で点検して、足りないものがあると取引先に出向いて部品を無理をお願いして調達し、納期に間に合わせるという「力技」を使った。

三協精機では日本電産の出資を機にコストの徹底的な見直しを進めたが、伊那事業所にとっては、それよりも受注をどうこなすかが最大の問題だった。

安川、大平をはじめとする伊那事業所の面々の「うれしい苦労」はなかなか収束しなかった。とにかく、受注がどんどん舞い込んできてしまうのだった。永守は能力以上の受注が入り、納期が守れなくなっている現場の事情は認識していたが、ロボット部隊にはこう言ってあった。

「顧客からの注文を断るということはあり得ない。注文を断るなんていうのは営業じゃない。とにかく、顧客の要望に必死になって応えろ。注文を断るのも、工場を止めるのもまかりならん。情熱、熱意、執念。知的ハードワーキング。すぐやる、必ずやる、できるまでやる。この三大精神で取り組めば、できないことはない」

◇二年目の躍進

二〇〇四年二月、三協精機は四月一日付の大規模で抜本的な経営体制の変更を明らかにした。代表取締役社長であった小口雄三が社長を退任し、常務執行役員で営業畑の長かった巽泰造を代表取締役社長（ＣＯＯ）に就けた。過去三期連続赤字という業績の責任を明確にするとともに、新たな経営陣で経営再建のスピードを上げることを狙った。このとき、安川も取締役ＲＢＴ事業統括伊那事業所長として、取締役に就任した。大平も東京の営業部隊から伊那事業所に異動し、本格的に「混乱」の収拾に取り組むことになった。

伊那事業所の混乱は二〇〇五年三月期に入ってもなかなか収まらなかった。とにかく、受注がどんどん舞い込んできたのだ。

受注の急増、生産現場の混乱という問題を抱えながらも、二〇〇四年三月期の液晶ガラス基板搬送用ロボットの売上高は前期比八一・五％増の八十三億三千四百万円。液晶パネルメーカーの投資需要の波に乗れたのだ。そのとき、三協精機の液晶ガラス基板搬送用ロボットのシェアは三〇％だったが、日本電産の出資をきっかけに急激に高まる。

そんななか、伊那事業所の面々は大好きな新製品の開発に余念がなかった。彼らには次々と新製品を生み出していくというＤＮＡが組み込まれているのだ。液晶ガラス基板搬送用ロボットの世界でも、顧客のニーズの先を想定した製品を供給できる力が個別受注の世界で競争力を高めていく。そして、六月、第八世代といわれる二二〇〇×二四〇〇ｍｍ

サイズのガラス基板に対応する搬送ロボットも開発した。

そんな状況を見て、永守は決断した。

「この機に一気に競争相手を突き放し、液晶ガラス基板搬送用ロボットで世界ナンバーワンの地位を奪取する」

二〇〇四年八月、三協精機は伊那事業所に新工場（第三工場）を建設することを決めた。新工場は伊那事業所の敷地内に建設する。液晶ガラス基板搬送用ロボットの生産能力を増強するのが狙いだ。工場といっても、特別な生産設備が必要なわけではない。基本的にモジュール化された部品を人手で組み上げるのだ。高さのある建屋と重量のある部品などを縦横無尽に搬送できる機器を設置すれば出来上がる。工場内には研究開発用のクリーンルームも設置するが、投資額は五億円で、着工から三か月後には操業を開始した。

◇再建完了

二〇〇五年三月期。液晶ガラス基板搬送用ロボットの売上高は二・七倍の二百二十七億円に膨らんだ。ロボットを含むシステム機器関連事業の売上高営業利益率は二一・四％と、全社平均の八・五％の約二・五倍の利益率に高まった。売上面でも利益面でも三協精機の業績拡大のけん引役に躍り出たのだった。その年のシェアは六〇％に達し、堂々たる業界トップの座を奪取した。二〇〇五年四月に安川は常務取締役に昇進し、事業統括本部副本部長として、ロボット以外の事業全般も担当することになった。

三協精機の二〇〇五年三月期の連結売上高は前期比一四・五％増の千二百二十三億円、営業利益百四億円、経常利益百十二億円、純利益は百七十八億円。利益面ではすべての数字が過去最高を記録した。二〇〇三年十月に、日本電産が資本参加して約一年半、二期目で、営業利益、経常利益、純利益ともに過去最高を更新したのだ。

永守は、これまで資本参加して再建してきた企業が過去最高益を更新すると、「再建完了」の印として、社名に日本電産の冠を被せてきた。

三協精機は、この決算発表の一か月後、二〇〇五年十月一日をもって、株式会社三協精機製作所という社名を、日本電産サンキョー株式会社、英文ではＮＩＤＥＣ　ＳＡＮＫＹＯ　ＣＯＲＰＯＲＡＴＩＯＮと変更すると発表した。三協精機の子会社、関連会社の社名にも軒並み、和文では日本電産、英文ではＮＩＤＥＣという文字が入った。再建が完了し、日本電産グループの企業として「日本電産」「ＮＩＤＥＣ」という社名を冠するにふさわしい企業体になったという証左である。

◇世界ナンバーワンへの投資

過去最高益を更新し、再建完了の大きな原動力になった伊那事業所には、この後も物語がある。

二〇〇六年三月期に入ると、一時は大混乱に陥った生産現場は支障なく受注をこなせる態勢になった。二〇〇四年末に稼働した第三工場の効果もあり、納期遅れは解消された。新工場建設によって、月産二百五十台から同三百五十台に生産能力を高められたことが何よりも大きかった。

しかし、それまでの約二年間に急拡大した液晶ガラス基板搬送用ロボットの受注に変調の兆しが出てきた。前期の反動が出てきたのだった。液晶テレビ市場でのサイズの大型化は進んでおり、液晶パネルメーカーは、新工場建設を含めて、新しい世代のガラス基板での生産能力を高めている。先行きはまだ楽観視できる状況だが、踊り場を迎えたのだった。半導体や液晶など生産設備に巨額の投資が必要な産業にとって宿命ともいえる「時期」がやってきたのだった。

しかし、今後のロボット市場の動向を見通すと、月産三百五十台ではまだ生産能力が足りなかった。液晶だけでなく、半導体ウエハー搬送用ロボットの生産能力が不足していたのだった。

このため、日本電産サンキョーは二〇〇六年三月、伊那事業所に第四工場を建設することを決めた。半導体ウエハー搬送用ロボットを中心に生産する新工場だ。伊那事業所の土地はすでに液晶ガラス基板搬送用ロボットの生産拠点である第三工場でいっぱいになり、隣接する土地約七千坪を買い増した。永守は液晶、半導体などの先端技術を使った量産製品向けのロボットで「世界ナンバーワン」の地位を確固とするためには、不可欠な投資と判断した。

◇永守流再生術、最後のステップへ

二〇〇五年の夏ごろに停滞した液晶ガラス基板搬送用ロボットの受注も、思ったほどの落ち込みにはならず、二〇〇六年三月期年間で見ると、前年並みの売上高を確保した。安川が担当する磁気カードリーダーや他の加工機を含めた「システム機器関連事業」の売上高は前期比五・九%増の約三百四十六億円、営業利益は八十八億円弱と二五%増加した。売上高営業利益率は二五%を超えた。全社平均の売上高営業利益率一〇%を大きく上回り、全社で最大の利益を稼ぐ部隊になったのだった。

安川は二〇〇六年三月期決算を承認した取締役会で、次期社長に内定した。六月の株主総会とその後の取締役会を経て、日本電産サンキョーの代表取締役社長に就任した。

安川の社長就任は、永守流企業再生が九合目を迎えたことを意味する。これまでの永守が手掛けてきた企業再生を見ると、次のようなステップを踏む。

①資本参加して、日本電産流の事業管理システム（営業強化とコストの徹底的な削減など）を導入する。資本参加したときの経営陣はそのまま再建を主導する。

②資本参加した際の社長は、当年度の決算が固まった時点で、それまでの経営責任を明

確にするために退任。生え抜きの人材を社長に抜擢し、業績面での企業再生（過去最高益を更新すること）を実現する。

③再生の過程で、日本電産流の社長選びの物差し（「一番稼いだ人間がトップになる」など）に合致する候補者を選ぶ。

④永守は代表取締役会長（CEO）のまま、代表取締役社長（COO）に「一番稼いだ人物」を社長に据える。

日本電産サンキョーは、安川の社長就任で④までのステップを済ませた。

永守が考える真の「再生完了」には次のステップがある。永守が代表取締役会長（CEO）職を離れることだ。

実は、安川には「真の企業再生」を実現するという重い課題が課せられている。永守が理想とする日本電産グループ企業の統治像の第一歩なのである。

21　伝統のスケート部

◇「人心」をひとつに

三協精機に資本参加した後に、ロボット事業と同様に、存続させただけでなく、永守がグループを挙げて支援した「事業」がある。三協精機スケート部である。

日本電産が資本参加した二〇〇三年十月以降、三協精機スケート部の選手のユニフォームには「Sankyo」というロゴだけでなく、「日本電産」「Nidec」というロゴが付けられるようになった。永守率いる日本電産が親会社として、グループを挙げて三協精機スケート部を支援することを決めたからだ。その後、選手のユニフォームには、トーソク、コパル、コパル電子などを中心にロゴが入るようになった。

永守はスケート部を存続させ、さらにグループ全体で支援することを決めた理由をこう語る。

「人の心をひとつにするには、何か象徴的で具体的なものが必要なんやな。創業三十年目の二〇〇三年に竣工した、京都一の高い本社・中央開発技術研究所ビルもそうや。三協精機のスケート部は歴史もあるし、過去世界の舞台で戦ってきた。世界市場で競争する日本電産グループとだぶるし、三協もスケートだけでなく、事業でも世界の舞台で競争ができるということにもつながる。グループ全体に目に見えない効果がある」

日本電産が資本参加する直前には、社内では「もはやスケート部は風前の灯」と言われていた。会社が存続するかどうかの瀬戸際に立たされる状況に追い込まれる過程で、三協精機の経営陣はできる限りの経費削減策を講じてきた。運転資金の資金繰りにも窮し、国内外の工場や子会社の統廃合とそれに伴う固定資産の売却等によって運転資金をねん出しようと必死になっていた会社にとって、年間で、億単位の金額になるスケート部の維持経費は、重荷以外のなにものでもなかった。

◇諏訪と三協

なぜ、三協の経営陣は、最後までスケート部を廃部にしなかったのか。三協精機の立地と生い立ちを振り返ると、その理由が浮き彫りになる。

三協精機の本社はJR下諏訪駅の目の前にある。駅の反対側には諏訪湖が広がる。最近でこそ、諏訪湖に氷が張ると地元の新聞やテレビで大騒ぎになるが、冬の諏訪湖に氷が張るのは当たり前で、スケートやワカサギ釣りを楽しむのが諏訪の冬の風物詩だった。スケートは諏訪の人々にとって、最も身近な冬のスポーツなのだ。地元が生んだ指折りの優良企業が、地域の人々が親しんでいるスポーツを振興する。しごく、自然な活動である。

さらに、歴史を振り返ると、スケート部にこだわったわけがいくつも見つかる。

三協精機は、長野県諏訪地区の地場のバルブメーカー、北沢工業の勤労課長だった山田正彦とその実弟で、設計担当技術者だった山田六一（現・名誉会長）、姉妹会社の東洋バルブの生産関連の技術者だった小川憲二郎の三人が集まり、手慣れた時計や精密事業を個人事業として始めたのが始まりだ。

一九四六年（昭和二十一年）六月十八日、三人が中心となって一万円（現在の価値に換算すると約四十三万円）を拠出して、長野県諏訪市大字上諏訪の大工さんが所有する木工場で、山田正彦個人経営の三協精機製作所が産声をあげた。

この山田正彦が三協精機とスケート部を語るうえで欠かせない存在だ。

山田は一九一四年一月十七日、諏訪高島藩士で、明治維新後は製糸業や村長、郡会議員などを歴任した名望家の家に生まれた。地元の長地尋常小学校から諏訪蚕糸学校を経て、製糸機械メーカーに就職した。しかし、東京で大学に進学する夢を捨てきれず、製糸機械メーカーを退社し、大原簿記学校をへて、早稲田大学専門部法律科に入学した。

山田は同時にもうひとつの「部」にも「入学」した。子供のころから諏訪湖で楽しみ、蚕糸学校時代は選手として活躍していたスケート部である。山田は早稲田のスケート部時代には第四回冬季オリンピックの代表選手の選考会に出場する全国レベルの選手だった。学生時代には、スケートを通じて作家の子母沢寛の知遇を得るなど、その後の山田の仕事を陰に陽に手助けする人々と知り合う。

かつて三協精機は、都市対抗や国体に出場した女子バレーボール、都市対抗にも出場した野球部など、スケート部に匹敵するような活躍をした企業スポーツを振興してきた。その三協精機が数々の不況の波にもまれたなかで、女子バレーと野球を辞めたのに、最後の最後まで、スケートにこだわったのは、こんな理由があった。さらに、その戦績を見ると、三協の人々が苦しさのなかで誇りを持って、困難や人生と苦闘できる根源だったことがわかる。

◇スケートは三協の誇り

スケート部の創部は一九五七年。創業から十一年たった年だ。最初の選手は五三年に地元諏訪の二葉高校を卒業したばかりの志賀園子。志賀は五五年の全日本選手権で総合三位になるなど三協精機スケート部の礎を築いた。

男子選手が入社したのは五九年。このとき入社した溝尾武夫、長久保文雄の両氏は翌六〇年の第八回冬季オリンピック・スコーバレー大会に出場した。その後の冬季オリンピックにスケート部の選手が出場しなかったことはなかった。

六〇年代前半には、選手層も厚くなり、国内はもとより海外でも三協精機の名を轟かせた。七二年には第十一回冬季オリンピックが札幌で開催され、スケート熱は高まっていた。しかし、スケートは「日の丸飛行隊」と言われ、金・銀・銅メダルを独占したスキージャンプとは対照的な結果に終わった。

札幌オリンピックから二年後の七四年、男子の川原正行、女子の長屋真紀子ら七選手が入部した。札幌の雪辱を期した七六年のインスブルック大会には、平手則男、川原正行、長屋真紀子、長谷川恵子、伊東千恵子の五選手、コーチとして三協の監督である石幡忠雄が、日本選手団の団長には山田正彦が就いた。日本チームは札幌の雪辱を果たせなかったが、長屋真紀子は五百メートルで七位、千メートルで九位となった。

八〇年のレイクプラシッド大会には、三協精機の監督である平手則男がコーチとして、選手としては川原正行、清水康弘、長屋真紀子が出場した。川原と長屋は二度目の出場だった。前回のインスブルック大会で僅差で入賞を逃がした長屋は五百メートルに賭け、堂々の五位入賞を果たした。

史上初の屋根付リンクで行われた八八年のカルガリー大会に出場した関ナツエは、カルガリー大会の後、自転車のロードレースで夏のオリンピックを目指し、富士急の橋本聖子（現・参議院議員）とともに、日本人初の夏・冬オリンピック出場を成し遂げ、見事完走した。

九〇年（平成二年）に入部した島崎京子は、「スピードスケート・ワールドカップ五〇〇総合」で優勝した。国内で女王の名をほしいままにしてきた富士急の橋本聖子も成し遂げなかった快挙だ。

アルベールビル大会には、コーチとして石幡監督と宮部行範、島崎京子の一コーチ、二選手が出場した。宮部は、男子千メートルで悲願の銅メダルを獲得。三協精機スケート部は発足以来、延べ三十名のオリンピック選手を輩出してきたが、初のメダル獲得だった。

九八年には長野で二十世紀最後のオリンピックが開催され、清水宏保、島崎京子、野崎千春の三選手と、石幡監督、平手コーチがスピードスケートの監督、コーチとして参加した。この大会で清水宏保は五百メートルで五輪新記録をたたき出し、日本スピードスケート界初の金メダルを獲得した。清水は千メートルでも銅メダルを獲得。島崎京子も五百メートルで日本新記録を更新し、五位と入賞した。

二〇〇二年に開催された二十一世紀初の冬季オリンピック・ソルトレイク大会には、羽石国臣、大菅小百合の二選手と石幡部長、今村監督がスピードスケートの監督、コーチとして参加した。

大菅は自転車選手としても活躍した。〇二年十月に行われた釜山アジア大会では五百メートル・タイムトライアル競技で日本記録を更新。自転車本格参戦二年目となる〇三年には自身の持つ日本記録を更新し、アテネ・オリンピックの出場枠を獲得した。

二〇〇三年四月には世界ジュニア記録保持者で前人未踏のインターハイ三連覇を果たした加藤条治（山形中央高校出身）と中学・高校記録保持者の吉井小百合（東海第三高校出身）が入部。今現在も、日本のスピードスケート界を担っている選手はほとんどが三協社員もしくは三協出身者だ。

◇選手と会社が一体となって活動

地元でもっとも身近なスポーツであるスケート。創業者が学生時代に青春を捧げ、冬季オリンピック日本選手団団長まで務めたスケート。世界レベルの競争を半世紀近く続けてきたスケート。それだけではない。

スケートは社員と一体となって取り組んでいるスポーツでもあった。三協精機（現・日本電産サンキョー）スケート部の選手の靴は、三協社員が作っているのだ。

二十世紀最後の冬季オリンピックになった長野大会の少し前から、世界のスケート選手は「スラップスケート」という靴を使うようになった。スラップスケートとは、ブレード（歯）の踵の部分が外れる構造になっているもの。もともとはオランダで発明されたと言われており、スラップスケートを独占的に製造・販売しているオランダのバイキング社には世界中のスケート選手から注文が殺到した。

しかし、バイキング社は世界中からの注文をさばき切れず、三協の選手もなかなか思うように入手できなかった。そこで、スケート部の石幡部長は「社内で作れないか」と、生産技術部の吉池功雄に打診した。吉池がスラップスケートの構造をチェックしたところ、三協の技術を使って、容易に製作できることがわかった。自社の技術をフル活用して、選手を支援することができる。スケート部に誇りを持っていた社員は、この「仕事」に喜んで取り組んだ。

スケート靴は大きく分けて三つのパーツから構成される。足を包み込む「靴」、氷に接触するブレード、そしてスラップだ。靴とブレードは外部から調達して、スラップを三協の技術者が作製した。

ただ、スポーツ選手の道具は、選手が感じる快適な使用感を含め、その選手の体の一部にすることが重要だ。スケート靴は軽く、強く、丈夫でズレに強いことなどが求められる。厄介なのは、個々の選手によって感覚が違うこと。実際に履いて滑る選手にしかわからない、微妙な感覚があるのだ。この微妙な感覚も、三協の仲間が必死に調整した。選手は個々にブレードを砥ぐ「砥ぎ台」を持っている。これも三協精機製。会社をあげて、そして、選手と会社が一体になって、活動を続けてきたのがスケート部だったのだ。

◇三協は世界と戦える

このような歴史があり、現段階でも世界レベルで戦っている運動部を永守が捨てるわけがない。永守は学生時代は柔道一筋、社会人になってからは仲間と草野球を楽しむなど、スポーツが大好きな人間である。スポーツもビジネスも永守の目から見ると、「挑戦」であり、「仲間とひとつになる」ものなのだ。

長い間、業績が低迷し、その間、さまざまな経費削減策が打ち出され続けても、復活できなかった三協は人心が乱れていた。人心の乱れを収めるには、誰もがひとつになれるモノが必要だった。その一つがスケート部だったのだ。

二〇〇五年十月、三協精機スケート部は「日本電産サンキョースケート部」に生まれ変わった。そして、加藤条治と長島圭一郎、大菅小百合と吉井小百合の「ダブル小百合」がトリノ・オリンピックに出場することが決まっていた。

永守は「このオリンピックでなんとかメダルを獲ってほしい。それによって、スケートだけでなく、ビジネスも世界で戦えるという気持ちを全社員が持ち、世界と戦う気概を持つきっかけになれば」と思っていた。

二〇〇六年二月十二日（日）正午。永守は成田発フランクフルト行きの全日空二〇九便のシートに身を沈めていた。横の座席には愛妻の壽美子がいた。いつもはどこにでも一人で出張する永守が、ニューヨーク上場の二〇〇一年以来五年ぶりに妻を帯同したのだ。フランクフルトを経由して、現地時間の六時四十分にミラノ・マルペンサ空港に到着した永守は、ミラノのホテル「フォーシーズンズ・ミラン」に向かった。

永守は例年、この時期にヨーロッパに出張する。ヨーロッパの機関投資家を回るＩＲ（投資家向け広報活動）が目的だ。今回は十五日（水）から十七日（金）までの予定が入っていた。永守にとって本来、ＩＲは最優先で対応する案件だ。そのＩＲに勝るとも劣らない、いやむしろ、ＩＲよりも優先したかった案件がトリノ・オリンピックの会場で、サンキョーの選手を応援することだった。

◇惜敗

十三日（月）朝、永守夫妻はミラノからトリノに車で向かった。その日の競技は加藤条治と長島圭一郎が出場し、日本中からメダル獲得が期待されていた五百メートル。永守は午後一時三十分（現地時間）ごろにスピードスケート会場のオヴァル・リンゴットに入った。実際の競技は三時半からだったが、競技の前に、加藤と長島に声をかけたかったし、彼らの準備状況を知りたかった。

諏訪では、経営企画部の矢崎和洋がビデオ録画とテレビ観戦をしていた。競技が始まる一時間以上前に、オヴァル・リンゴットの風景が写し出された。矢崎はその映像を見て、驚いた。「こんな早い時間から寒いところで…」。

「もう早々と座っていたんです。びっくりしましたよ。奥様と二人凍えながらリンクを見つめている姿が映ったんです」

そのころ、スケート部長の矢崎勝美は永守の質問攻めにあっていた。

「加藤くんの今日の調子はどうなんや。練習走行はいつものタイムと比べて早いんか、遅いんか。滑っている感じは調子のいいときと比べてどうなんや。長島くんはどや」

結果は、事前の期待通りにはいかなかった。永守はコメントを発表した。

「金メダルを狙っていただけにメダルを獲得できなかったのは大変残念な結果だ。ただ、二人はまだ将来のある選手なので、今回の結果をバネにして次回のバンクーバーで金メダルを狙ってほしい」

加藤は六位入賞、長島は十三位だった。

永守は男子五百メートルを観戦し終えると、七時過ぎに宿泊するミラノに戻った。

その間、「明日の女子のダブル小百合にはなんとかメダルを獲って欲しい。男子は千メートルに長島くんが出場する。吉井くんは女子千メートルにも出場する。メダルのチャンスは明日のダブル小百合と男女の千メートル。千メートルは両方ともIRがあるから見られないが、なんとかメダルを獲って欲しい。できれば、明日、金メダル獲得を直に体感したい」と思っていた。

翌十四日もミラノのフォーシーズンズ・ミランから車でトリノのオヴァル・リンゴットに向かった。前日より三十分遅い午後二時頃に会場に入った。ダブル小百合に「がんばれ」と声をかけ、夫婦でスタンドから競技を見守った。

結果は、大菅が八位、吉井は九位だった。永守はスポーツの世界レベルの選手の層の厚さ、勝負の厳しさを目の当たりにした。

この日もコメントを発表した。

「メダルを狙っていただけにメダルを獲得できなかったのは残念な結果。今後も世界一を目指して頑張ってほしい」

永守は悔しさをかみしめながら、オヴァル・リンゴットを後にした。

◇オリンピックが教えてくれたもの

実は五百メートルでは、男女とも六種類のコメントを用意していた。六種類中五つがメダルを獲得できたときのもので、一個もメダルを獲得できなかった際のコメントはひとつしか用意していなかった。万が一、メダルを獲得できなかったときのために、念のために用意したコメントだ。男女ともそのコメントを使わざるを得なかった。

しかし、永守は生まれて初めて冬季オリンピックのスピードスケートを観戦して、改めて感じ取ったことがあった。

トリノ・オリンピックから二か月経った四月。永守は四半期に一度発行し、毎回寄稿している日本電産サンキョーの社内報に、「金メダルの取れる企業集団とは！ ――冬季オリンピックが教えてくれたこと」と題したメッセージを寄せた。その要旨はこうだ。

「私はこのオリンピックから多くのことを学んで帰ってきました。あのなんともいえない緊張感、そして、金メダルをとった選手の言葉では表現できない意気込みと集中力、永年の挫折経験と練習量の多さです。まさに近く見える金メダルが、実際は果てしなく遠いところにあると実感しました」

「勝利をもたらすのは才能か努力かとの問いにも多くの答えがありました。もちろん、オリンピックに出場してくる選手の多くはたぐいまれなる才能の持ち主でしょう。しかし、私は今回のオリンピックを見て、金メダルに到達する選手のほとんどは努力（練習量）ではないかと思いました。一瞬に起こりうる予期し得ないハプニングへの対応力や適応力は、信じられないほどの練習量と想像を絶する苦しみ、そして、経験する挫折の回数によって差が表れてきていると思うのです」

そして、オリンピックでの感想をこう展開した。
「われわれが毎日毎日多くの競争相手と技術やサービス競争を繰り返し、世界一、それも断トツのナンバーワンになろうとする道も同じであるといえないでしょうか！　客先訪問を繰り返し、試作を繰り返し、失敗を繰り返して初めて優位に立てる場所に向かっていけるのです」

社内報には毎回、永守の好きな言葉も掲載される。このときの「私の好きな言葉」は「誰でもできる簡単なことで差をつける」。

世の中にはたぐいまれなる才能をもっている人もいる。しかし、多くの人は誰でもが取り組むことができる地道な努力によって、他人との差をつけることができる。この「大好きな言葉」は、永守流企業再生法を織りなす哲学のひとつである。

◇「売上高十兆円」への号砲

日本電産は、三協精機の再建が完了した直後の二〇〇六年秋から買収戦略を再開した。十一月十五日には、フランスの大手自動車部品メーカーであるヴァレオS.A.のモーター&アクチュエーター事業を約一億六千五百万ユーロ（約二百五十億円）で買収することで合意したことを明らかにした。自動車向けのモーターを製造・販売している事業部門だ。

事業の規模は売上高二億五千三百万ユーロ（約三百八十億円）で、フランス、ドイツ、スペイン、ポーランドのヨーロッパ四か国とアメリカ、メキシコ、そして中国に製造拠点を持っている。

日本電産は二〇一〇年代の成長分野として、自動車向け事業強化を狙っており、それに向けて号砲を鳴らした格好だ。

二週間後には、足元の業績を支えているハードディスクドライブ（ＨＤＤ）関連の事業強化を狙った買収も明らかになった。シンガポールに本社を置くＨＤＤ用のベースプレートやトップカバーを製造・販売するブリリアント・マニュファクチャリング（ＢＭＬ）だ。

ブリリアントの売上高は一億二千九百四十万シンガポールドル（約九十七億円）と企業規模はさほど大きくないが、同社の持つ金型設計・製造、鋳造、電気めっき、精密加工や精密プレス加工の技術を取り込めるほか、シンガポール、インドネシア、タイ、中国に製造拠点を展開しており、日本電産グループの拠点と連携しやすいことも魅力だった。

ヴァレオの事業部門は結果的に約二百二十億円を投じて、十二月二十七日に買収を完了した。ＢＭＬは二〇〇七年二月二十三日に公開買い付けを完了し、約百三十四億円を投じて、ＢＭＬ株式の八七％を取得した。

そして、ＢＭＬの公開買い付けを完了して二週間しかたっていなかった三月十三日、日本電産は日立製作所のモーター子会社である日本サーボの株式公開買い付けを実施すると発表した。一九六四年（昭和三十九年）から四十三年間、グループ企業として抱えてきた日立製作所が、売却を決断したのだ。

永守は二〇一〇年度連結売上高一兆円、二〇〇八年度営業利益一千億円、二〇三〇年連結売上高十兆円という中期、長期の目標に向かって、動き出した。

22　永守社長インタビュー　三協再建を振り返る

◇技術を見れば会社はわかる！

――改めて伺いたいのですが、二〇〇三年十月に三協精機に資本参加した最大の魅力は何だったのですか？　皮算用通りの価値がありましたか？

「これは三協精機だけでなく、コパルの場合もそうで、資本参加した企業すべてに共通していることですが、技術力がある。技術を持っているのは人間ですから、技術力があるということは、いわば社員の潜在能力があるということです。実際に全員と会ったわけではないので社員の潜在能力を知っていたわけではありませんが、製品を見れば、その会社の技術力は目利きできます。競争相手としてそこの製品を見ているわけで、たとえば、モーターを見たら、そこの会社の技術力、実力は大体わかりますよ」。

──日本電産が三協精機に後塵を拝していた技術のひとつに、流体動圧軸受け（FDB）がありました。

「(三協精機のFDBの生産拠点だったフィリピンの）スービック工場は最悪でした。ものすごくお金がかかっているという意味では立派でしたし、逆説的に言えば、あんなにお金をかけてはいけないという意味で立派でした。（笑）あの工場づくりの悪い点として、たとえば、日本電産の工場の坪単価の倍ぐらいのお金をかけています。金を生まないような食堂とか厚生施設は立派で、敷地にはきれいに芝生が植えられていて、夢のような工場でしたね。だけど、お金を生む機械にはそんなにお金をかけていない。そういう意味での工場建設に対する考え方の立派さに驚きましたね。大赤字の会社が何でこんなに立派なものを作ったのかと。機械設備は利用価値の低いものを使って、ハコだけ立派」

「それでも三協の技術力に関しては、製品を通じてわかっていました。『この会社はいいものをつくっているな』『技術がしっかりしているな』と思っていました。技術を見ていると、この会社には人材がいるということはわかります。三協もそうで、目利きは間違っていなかったわけです。ただ、技術がしっかりしていることは、競争力にはつながっていきますけど、もうかることには直接つながらないのです」

◇グループにおける三協の位置づけ

――資本参加後ほどなくして、三協のFDB事業を廃止させて、日本電産に一本化しました。

「お荷物だったFDB工場を引き取ったのは正しい判断だったと思います。FDBは三協精機の赤字の一番の元凶でしたから。でも、FDBは重要な技術、先端技術でもありまして、三協は基本的な特許も関連する特許も、たくさん持っていました。FDBに関する技術を統合したことは、その後の戦いに非常にプラスになりました。有利な戦いの原動力になったことは事実ですね」

「ただ、日本電産グループ会社の関連の技術力がなければ、製品の競争力が高まらなかったことも確かです。トーソクの測定技術、コパルのプレスとメッキ技術、シンポの切削技術、そういうところの要素技術を組み合わせて生かせる土壌があったところに、三協のFDBに関するパテント、技術が加わった。これが以後のFDB事業を圧勝に導いた要因でしょう。この四社がなかったら、日本電産はFDBには進出できなかったし、仮に進出しても戦いに負けたかもしれない。グループ力の勝利、総合力の勝利です」

――二〇〇五年十月から三協精機の社名を変更して、日本電産という冠をかぶせました。再建完了の証拠ですね。一人前になった日本電産サンキョーには、今後グループ内でどのような役割を演じさせるのですか?

「日本電産グループの事業の基本は『回るもの、動くもの』です。具体的には、モーターおよびモーターの応用製品を製造・販売しています。グループ各社とも、モーターおよびモーターの応用製品に関連した事業のなかで、それぞれが得意分野を担当しているわけですね」。

「たとえば、日本電産本体は事務機器関係やコンピューター関連、そして、車載関係に特化しています。日本電産シバウラは家電関係のモーター、日本電産パワーモータは産業機器に特化しています。サンキョーはマイクロステッピングモーターとか、いわゆる精密特殊モーター。モーターの応用製品としてのロボットやカードリーダーですね。それから、サンキョーが最近、得意技術を生かして開拓している新分野は家電製品向けの応用製品です。冷蔵庫、洗濯機に使われる新しい機能向けのモーター応用製品。エアコンのフィルターを自動で掃除するお掃除ロボットってあるでしょ。あれを開発したのもサンキョーです」

◇「永守流」だから再建が成功する！

――資本参加した次の期には生え抜きから社長を抜擢しました。そして、過去最高益を更新した直後に、さらに若手の人材を社長に抜擢しました。

「基本的にサンキョーだけではなく、過去に再建してきた会社というのは、まず会社の雰囲気が暗いものです。業績が悪いのが続いていたから非常に暗い。そういうときに社長に抜擢する人間というのは、赤字の根源の事業には関与していない、取締役でもない人材です。たとえば、前社長の巽泰造氏がなぜ社長になったかというと、彼はボードメンバー(取締役)ではなく、執行役員で、比較的もうかっていたカードリーダーにおける責任者でした。それからもう一つは、営業出身という点。営業の人間は根アカな人が多いですから」

「本来は過去の実績を見て候補者を選ぶのですが、どの会社でも最初はいわゆる暫定政権ですよ。選ぶ根拠は何かと言われたら、どちらかというと消去法で選ばれた人ということになります。というのも、どの会社もそれまでずっと業績が悪い、大赤字なわけです。だから、消去法で一番良い人を社長に据えるわけ。最長二年の暫定政権です。そして、この二年間の暫定政権の次に社長になる人は、最も利益に貢献した人。これが日本電産方式なんです」

「日本電産グループのなかで、一番偉いのはだれかといったら、一番利益に貢献した人です。現社長の安川員仁君はロボットを成功させて、一番大きな利益をもたらした男だから、その原則に従って選ばれたわけです。コパルの井澤茂君もそう。彼はデジタルカメラ向けシャッターの分野を大きく育てて、一番利益を上げたから社長になった。これは日本電産グループの原理原則なんです」

――企業トップの人事は、過去に実績のあった部隊の出身であるとか、歴史的に伝統のあるいわゆる保守本流と言われるようなところからということが少なくないですが。

「日本電産の場合には、それは全くありません。要するに、すべての社員が次はあの人だろうなと思う人は必ずなる。なぜかというと、利益を一番稼いでいる人が社長になるわけですから。社内で業績を見て、一番稼いでいるところから上がってくるのです」

――日本電産流の社長の決め方は、一番もうけた人ということですけど、社長に選ぶまでの、担当のさせ方などはどんなふうにしているのですか?

「その人間の能力の上がりぐあいとか、キャパを見ています。一升枡という決まった器だったら、どんどんお酒を入れようと思ってもそれ以上は入りません。枡が大きくなっていく過程をじっくり観察しながら、担当を増やしているわけですね。平取であれば事業所長、常務なら事業全体を見られなければいけないという、そういうランクを決めてあります。社長は本来、最高経営責任者（CEO）にしたいのですが、グループ会社個々の社長は、まだそこまではいってません。今のところは全部までは見ることができないから、まだCEOとして、最終的な経営判断は私がやっているわけです。サンキョーは今期（二〇〇八年三月期）が計画どおりいったら、来年（二〇〇八年）はCEOを渡そうかなとも思っています。グループ会社の社長には、『これがこうなったら、君にCEOを渡すぞ』と伝えてあるのです。日本電産の人事は非常にシンプルなんです。『こうなったら、おまえ、こうや』と、もう全部先に言ってありますから、悩むことなく、仕事にまい進してくればいいんです」

――給与体系もシンプルということですが、どういう仕組みですか？

「詳しくは教えられませんが、給与体系も全部、営業利益連動型になっています。今期いくらの利益を上げたら自分の年収はいくらというふうに、全部わかる仕組みですね。極めてシンプルなんです。それを、全員がわかっている。社長だって、今期どのくらいの業績まで行ったら、来年の年収はいくらになるかわかります。ボーナスも営業利益連動型ですから、マトリックスで自動的に決まる。ボーナスの源資も一目瞭然。組合交渉なんてありません。たとえば、売上高営業利益率が一〇%だったら平均が五か月とか、そういうふうに決まっているわけです」

◇技術的判断でロボット事業を継続

――サンキョーの再建の過程では、現社長の安川氏の出身部隊の事業拡大が大きく貢献したわけですね。こんなにロボット事業が拡大すると思っていましたか。

「台湾にも工場を作っているし、まだまだ拡大しますよ。ただ、資本参加する前のサンキョーの再建計画を初めて見た時は、ロボットはもうだめで、ロボットの生産拠点である伊那工場は完全閉鎖をすることになってました。伊那工場の一部の機械は駒ヶ根事業所に持っていき、それで約二百人の人員を減らすという計画がもうでき上がっていたわけですね」

「私は、そのときに、いろいろな視点から判断したのですが、特に技術的な判断を重視しました。競争相手に対して何が優れているかというところを見たときに、三協のロボットの制御技術が非常に優れていた。この制御技術があれば、競合との戦いにも勝てると判断したのです。この事業は伸ばすべきだと。ということで、過去の経営者たちと全く違う、全く逆の判断をしたわけです。その見立てが当たって、非常に伸びたわけですね」

「事業面で見ると、本来閉めるはずだったロボット事業を伸ばすという判断をしたのは正解でしたね。まあ、去年（二〇〇六年）はちょっと液晶がよくなかったから、若干落ちましたが、それも一つのプロセスで、急激にぱーっと伸びたあとの、次の成長に向けた踊り場ですね。業績がちょっと落ちて、今年（二〇〇七年）は二年目だから、また復活しはじめているわけです。安川君は、まだそういうことには慣れていないのですが、社長として、こういうことを経験することが大事なのです。ロボット以外では、光ピックアップ事業を縮小する一方で、サンキョーの強みを生かせるステッピングモーターを伸ばすという戦略も、比較的当たったと思っています」

――液晶ガラス基板搬送用を中心としたロボット事業は、拾いものでしたね。

「『拾いもの』という言い方はおかしいと思いますよ。みなさん、そういうことを言われますが。コパルを買ったときも、今回の日本サーボでもそう。株が上がったり業績が改善すると、『安く売り過ぎたんやないか』と言い出すわけです。でも、それは違うのです。私が経営に直接関与して、再生したから株も上がっているわけで、ロボット事業もそうです。それまでの経営のままだったら、もうアウトですよ。あの原価では絶対に勝てない。あのままの経営で、仮に液晶のブームが来て、ばーっと注文来たら、来たら来ただけ赤字になったわけです。私が関与して、必死に原価改善やって、それで液晶ブームが来たから当たったわけですね。それを、『永守さん、あんたよかったな。液晶ブームが来て』と言う人がいますが、『何言ってるんや』と言いたいです。あのまま原価率一二〇%で売っていたら、液晶で五十億円くらいの大赤字を出していました。そうではなく、きちんと原価を下げて、そこへブームが来たから当たってるわけなのですね。何か、くじが当たるとか、闇雲に弓矢を放ったら当たったみたいなことを言う人がいますが、そうじゃないんですよ」

◇完成に向かう「永守式再建法」

――サンキョーの再建を通じて、改めて感じたことは何かありますか。

「もちろん、会社ごとに事情が違うから一〇〇%ではありませんが、再建手法の八割方は一緒のパターンで動いているなと思います。残り二〇%ぐらいが変化している感じです。

三協精機だけでなく、資本参加して再生した会社はほぼ同じパターンですね。いわゆる永守式再建法のパターンづくりはほぼ終わった。サンキョーぐらいから、そのパターンの通りに動き始めたという感じです」

「私の再建手法はまだ集大成までいかないけど、一応、第一体制とでも言うべきものができ上がりましたね。大体、資本参加が二十社を超えたあたりから、かなりの確信めいたような再建手法ができ上がってきたのです。たとえば3Q6Sが業績と連動するとか、そういうデータがたくさん集まってきました。これが一社や二社であればまぐれかもしれないということがありますが、二十社を超えるデータがそれを示してきたのですから、もうそれは正しいと言っていいでしょう」

――三協精機も、最近資本参加した日本サーボも、競争相手でした。

「サンキョーも、今回の日本サーボも、かつてのシバウラも、これら日本電産の競争相手を何社か買ってきて言えることは、事業の盛衰を決めるものは技術力とか何とかいろいろ言うけれども、結局のところ、どこが競争相手であるかがもっとも大きく左右するということですね。たとえば三協精機の場合、一番の主力商品であるモーターで全て日本電産と競合していました。日本サーボもそうで、大きな赤字を出している製品は全て日本電産と競合していた。シバウラもしかりです。これに対して、日本電産以外のところと競合している製品はもうかっていたのです。結局、企業にとってどこと競合しているかは極めて重要な問題であって、やはり、負けるとわかっていて戦いを挑んではいけないのです。負ける相手以外にも戦う相手はいっぱいいるのですから、そこへ行けばいいのに、あえて自分の力を過信するというか、相手の実力がわからないというか……。日本がアメリカに戦争をしかけたのと一緒ですね。相手の真の実力もわからずに戦いを仕掛けてひどい目に遭う。サンキョーも、サーボも、シバウラも、もうかっている製品はたくさんあった。その会社と同等もしくは弱い会社が相手の場合には勝っているわけです。日本電産とまともに戦わなければ、サーボもサンキョーも、赤字にはなっていないですよ。苦境に陥った会社を助けた会社というのが、実はその会社を苦境に追い込んだ原因を作った会社だったということを改めて感じましたね」

「サンキョーもサーボもそうですが、名門企業の社員というのは、潜在能力はあるのに、それを生かしていないところに問題があります。それが一番足りないのが経営者。しかも、経営者が管理者になっている。経営者ではなくて、管理者が経営者と称している。そこに問題があるわけです。そもそも、きちんとした経営があったのにずっと赤字の会社が、数か月で黒字に変わるということはおかしいわけです。たとえば、日本サーボは過去二年間大赤字でした。日本電産が出資して経営に関与した二〇〇七年四月は、一か月で四億円を超えるぐらいの赤字を出していたのです。月四億円を超えるなら、年間では五十億円以上の赤字ですよ。そんな赤字を出していた会社が、なぜ、私が行って数か月で黒字になったのかということです。やはりもともとそこの社員には非常に大きな潜在能力があって、たまたま私がそれを引き出したにすぎないのです。従来の経営者には、それを引き出すことができなかった。それが大きな違いなのです」

「今、サーボの経営陣は、私の潜在能力の引き出し方を横で見て学んでいるわけです。あるいは、サンキョーの安川君もそうやって学んだわけですね。そして、安川君に『おまえ、いよいよ運転席座れよ』って言って座らせたら、わからないことが山ほど出てきて、去年（〇七年三月期）のように決算が悪くなった。そのときに、また『私が運転する』と言ったら、元の木阿弥です。サンキョーはちょっと蛇行して、車輪が溝に落ちた。そこから引き上げるのに時間がかかったりして、業績を落としたのですが、これは想定の範囲内のこと。投資家は『永守さん、あんたが経営をやってくれ』と言われますが、そんなことを言い出したら、私は一生涯そこにいなければなりません。蛇行運転も溝にはまるのも想定の範囲内として、そうやって経営者を育てていかないと、日本電産グループの総合力は強くなりません」

――サンキョーもそうですが、コパルも社長は五十歳代半ばですね。

「本来はもう少し若くてもいいと思っているのですが、一方で若すぎるのも難しい。私はやはり五十五歳ぐらいがいいと思うのです。五十五歳から六十五歳まで十年間社長を務めてもらう。五十五歳は社長に就くのにいい年齢だと思います」

第２部
永守イズムの源流

創業直後の桂工場前で（前列向かって左が永守）

1　母親の教え

◇まっすぐな生命線

永守は一九四四年八月二十八日、京都府乙訓郡向日町大字物集女《もずめ》（現・向日市物集女町）に生まれた。近くには、京都から九州へ続く西国街道と京都の丹波口から山陰地方に続く山陰街道をつなぐバイパスとして利用されてきた物集女街道が走る。日本の歴史を見てきた場所だ。

物集女という地名の由来は、河内国大鳥郡の百舌鳥《もず》に勢力をもっていた一族が、この地に移り住んだことによるとされている。京都府乙訓地方には国人と呼ばれる土豪が、ほぼ大字ごとにいて、土塁や堀を備えた城を構えていたという。中世に力を誇った物集女氏の居城が物集女城である。永守の生家は物集女城跡から南に百メートルほど離れた場所にあった。

小作農だった奥田末次郎とタミの間に、六人兄姉弟の末っ子として生まれた。重信という名前は、大隈重信からとった。生まれたばかりの永守の生命線がまっすぐに伸びており、大隈重信と一緒だったからという。

一家は狭い耕地で米や野菜を作り生計を立てていた。自分たちの畑はほんのわずかだったので、よその畑も借りて農業を営んでいた。父は作った野菜をリヤカーに載せ、京都市内まで行商して歩いた。

永守が生まれた当時、奥田家にはこんなエピソードがある。永守が生まれてまもなく第二次世界大戦が終わり、中国に出征していた長兄が帰ってきた。両親は、長兄が御国のために戦っている間に、子供ができてしまったことを恥ずかしいと思ったようで、まだ赤ん坊の永守をタンスの中に押し込めた。しかし、そこは赤ん坊である。ほどなくして、タンスの中から「オギャー、オギャー」という泣き声が聞こえてきて、長兄に永守の存在がばれてしまったという。こんな環境のなかで、永守は育っていった。

◇人の倍働け

永守の哲学や人生観に大きな影響を与えたのは母親である。朝は誰よりも早く起きて働き、夜は誰よりも遅くまで畑仕事をした。口癖は「人の二倍働いて成功しないことはない。倍働け」「絶対に楽してもうけたらあかん」。永守流経営の根幹を成す哲学だ。この哲学で働き続けた母は次々と田畑を買い、地元で有数の資産家になった。

今、永守の生まれ育った物集女を訪れると、昔からの農家の家屋に交じって、新興の住宅や低層のマンションやアパートが建っている。永守の生まれ育った当時の風景を想像させる手掛かりは物集女城跡近辺など所々に残っている畑や農家の家屋、そして第二京都回生病院の向こうの西側の山の斜面に広がる竹林くらいしかない。

永守はこう回想する。

「兄姉弟六人で、母親の記憶としては、自分が寝るときに母親が寝ているのを見たことない。自分が起きたときにも母親が寝ている姿を見たことないね。僕らより早く起きて僕らより遅く寝るわけや。倍働けば人に必ず勝てるということを母親に教えられたね」

「頑張る」「できるまでやる」ということも母親の教えの影響が大きい。

ある日、永守がけんかをして帰ってきた。けんかに負けて泣き面で帰ってきた永守に母親がどうしたのかと聞いた。永守が「〇〇くんに殴られた」と言うと、母親はすぐに家の戸を閉めて中に入れてくれなかった。そして、永守にこう言った。

「もういっぺんやってこい」

永守はもう一度けんかをやったようなふりをして帰ってきて、「やってきた」と母に訴えた。しかし、母親はそれを見抜き、「証拠見せろ」と永守を問い詰めた。証拠見せろと言われても、けんかをした証拠はない。永守は母親に証拠を持っていくために、再度けんか相手のところに行き、体ごとぶつかって、相手のボタンや髪など証拠になるものをひきちぎって帰った。

必死になってもぎ取ってきた証拠を見せると、母親は「わかったわかった」と息子の頑張りを褒めて、家の中に入れた。こういう教育が永守の反骨精神や執念を醸成していった。

◇何でも一番

ただ、元来、永守は負けん気の強さを備えていたし、「一番以外はビリと同じ」と考えていたようで、何でも一番を目指した。

たとえば、こういう逸話がある。

友達が「おい、遊ぼうか、野球しようか」と永守の家に誘いに来ると、永守は家の窓を開けて、「ピッチャーと四番やらせてくれるか」と問い返した。そのとき友だちが「おまえは無理や」と言うと、永守はピシャッと窓を閉めた。これが、「チャンバラやるぞ、今日は新撰組や」となれば、永守は「近藤勇やらせてくれ」と主張した。騎馬戦をやるときには必ず大将になることを主張した。学芸会などで劇をやれば主演しかないと思った。小学校当時の写真を見ると、永守は必ず校長の横に座っている。

この性癖に関して、永守はこう自己分析する。

「人に何と言われようと一番いい所に座るのは、悪く言えばエエカッコシイという人もおるんやけど、そうじゃなくて、やっぱり自分の存在感を絶えず示せるのが一番やということ。だから席だけでなく、風呂屋の下駄を入れるのも一番の箱に入れる。飛行機でも必ず座席番号一番に座る。一番を目指すために、そういうことをずっと自分に意識させてきた」

◇理想だけでは人はついてこない──独特の仲間づくり

永守が三協精機の社員にしたように、弁当など食事をしながら自分の考えなどを部下に浸透させていく術も子供のころに身につけた。

永守の幼いころの定番のおやつはかき餅だった。日本の農家では当時、暮に正月用の餅をついた。もち米だけの餅は高いので、うる餅といって普通の米を半分ほど混ぜたものもついた。それを焼いたものがおやつだった。

永守はかき餅を使った「仲間づくり」をこんな感じでやっていた。

「兄弟が多いから一人十枚ずつくれるわけね。学校から帰ってくると、十枚置いてあるわけ。それを子分に全部食わすわけ。まあ買収や。これが兵糧で、二十人にやらなければならないときは、半分にしてな。みんな寄ってくるわね。兵糧食わせてんやから」

地域の相撲大会で優勝したときは、スイカをもらった。そのスイカは大会に一緒に行った「子分」たちと食べた。日本電産を設立する前、ティアックに勤務していたころも、給料をもらうと「子分」を集めて飯を食べさせた。

「小部（博志、現・日本電産代表取締役副社長）とか、昔学生のときに飯食わせてやっていた仲間ばっかりですわ。月給はいつも残らへん、全部食って終わりやね。そうやって仲間をつくったわけね」

永守は言う。

「人の気持ちとか人の心を引くというのは、理想だけじゃだめなんです。理想だけじゃ人はついてこないわね。やっぱりこの人についてったら飯が食えるんじゃないかとかが必要やね。私の家内も見合いしたときに、『この人だったら飯を食べさせてくれるんじゃないか』と思ったらしい。家内の父は『あいつなら飯食べさせてくれるぞ』と言ったらしい。それがいちばんキーだとね。『なんか変わった男やけど飯は食わせてくれる』と言うたって」

◇勉強できる時間は学校だけ

ただ、生来の負けん気で、頑張っていた永守だが、家の手伝いはつらかったようで「今は土見るのも牛見るのも大嫌い。田園風景なんて大嫌いや。嫌な思い出があるもの。つらかったもんな」と漏らす。

近くの竹林から切ってきた竹を割ったり、田植えの苗をあぜに並べたり、とにかく農家で必要な雑用はすべてやらされた。小学校四年生から中学校三年生までは牛の世話をした。牛に食べさせる草を刈ってくるのも永守の仕事だった。まだ、小さかった永守に与えられたものは大人用の自転車。子供が大人用の自転車に乗るときには「三角乗り」という乗り方をする。三角形のフレームの間に足を通してペダルをこぐ乗り方だ。しかし、草を刈って自転車に載せた後は、草が重く、バランスがとりにくい三角乗りはできない。永守は草を載せた自転車を引いて自宅まで戻った。

永守が勉強をする時間は学校でしか得られなかった。永守はこう回想する。

「学校から帰ってきたら勉強できないんですよ。帰ってきたらすぐに牛の草を刈らないかんとか、用事がいっぱい待ってるわけ。夜も勉強していたら電気代がもったいないって兄貴が電気を切るわけ。だから勉強するのは学校だけ」

こんな小学生生活を送っていた永守だが、戦後という時代はそういう時代だった。農家に生まれた永守は当時でもイモはいつでも食べられたし、米がちゃんと入っている麦ご飯も食べられた。当時、京都市内に住む人たちが食糧を求めて、物集女にもやってきた。着物を持参して、食糧に替え、飢えをしのいでいた時代だ。米に比べて量が確保できるイモを交換していく人が多かったが、なかにはイモと一緒に煮て食べられるイモヅルを買っていく人も少なくなかったという。

2 人生を決めた出来事

◇ステーキとチーズケーキ

そんな生活が当たり前の時代に、永守は将来を左右するある出来事に遭遇する。小学校三年生、一九五三年（昭和二十八年）の出来事だ。

物集女の近隣に西向日という場所がある。阪急電鉄京都線の西向日駅があるあたりだ。そこに小学校の同級生が住んでいた。つぎはぎだらけの服を着ている子供が当たり前の時代に、その友だちは金ボタンの詰襟《つめえり》の服を着て、ハイソックスに革靴を履いていた。腕にはスイス製の腕時計が光っていたという。

勝手口からその友だちの家に入って、永守はまずびっくりした。座敷に電車が走っていた。ドイツ製の鉄道模型である。友だちは鉄道模型を走らせてみせてくれた。永守は眺めるだけだった。それでも、ミニチュアの鉄道模型は珍しく、眺めているだけでも楽しかった。

午後三時になった。その家のばあやが「ぼっちゃん、おやつの時間ですよ」と言って、不思議なものを持ってきた。しかし、ばあやが持ってきたおやつは友だちの分だけ。友だちはおやつを食べ始めた。

「何食ってんのや」

「これ知らんか？　チーズケーキっていうねん」

「ちょっとくれや」

友だちはチーズケーキの端をフォークで切って、永守にくれた。

「不思議な食べ物やな」

「これは神戸から買ってきているねん」

チーズケーキと出会ってからしばらくすると、再びばあやがやってきて、永守にこう言った。

「もう夕方になったから帰りや」

家に帰るには勝手口から出なければならない。永守は座敷を出て、台所を通った。すると、台所では「ジューッ」という音と今まで嗅いだことのない匂いがしていた。音のするほうを見ると、フライパンの上に何か黒っぽいものがのっかっていた。

「これ何や」

「お前、こんなんも知らんのか？　これステーキや」

「ばあや、ステーキ、永守君にちょっとやってくれへんか」

永守はステーキの脂身の部分をばあやから一口サイズもらった。今まで食べたことのないなんとも言えない味がした。

きれいな服を着て、革靴も履き、スイス製の時計もはめている。家に行けば、ドイツ製の鉄道模型はあるし、おやつには神戸から買ってきたチーズケーキがある。夕食にはステーキを食べている。しかも、友人の父親はいつも運転手付きの外車で帰ってくる。

ある日、永守はその友だちに聞いた。

「お前のお父さん、なにやってんねん」

「社長や」

このとき、永守は決めた。

「将来は社長になって、立派な家に住んでうまいもんを食うぞ」

それ以来、将来の夢を聞かれたときには「社長」と答え、作文にも「将来の夢は社長」と書いた。社長というのはどんな仕事なのかわからなかったが、会社の中で一番偉い人であるうえ、立派な家には住めるし、美味しいものが好きなだけ食べられる人であることはわかった。

◇モーターとの出会い

永守の将来を決めるもうひとつの出来事は小学校四年生のときに起こった。裕福でない農家の息子である永守から見ると、当時の担任はえこひいきをする先生だった。永守はこう語る。

「たとえば、この先生は算数の時間に難しい問題出して、だれかわかるかって、生徒を見回すわけ。わしがハーイって手を挙げるわね。でも絶対わしには当てへん。他の生徒が答えられへんとわしに初めて当てるわけや。わしはちゃんと答えるわな。そしたらどう言うかというと、『百姓の坊主がこんな難しい問題解いて何になるねん』と言うわけや。ひどい先生やったね。それのおかげでまあここまで来たんやけどね。畜生と思ったね」

永守の当時の通信簿は二とか三ばかりだったという。それが、中学校に入るとオール五。五百人くらいの中で、常に五番以内には入った。中学生になって、急に勉強ができるようになったわけではなかった。

「でもこの先生のおかげで今日のわしがある。苦しくなったらこの先生のことを思い出すんや（笑）」

そんな先生に理科の実習授業のときに、一回だけ褒められた。マブチモーターのキットを使い、各自が工夫を凝らしながら、モーターを組み立てる授業だった。永守が組み立てたモーターが一番静かで、一番速く回った。

いつもはえこひいきして、永守を褒めない先生が初めて褒めてくれた。永守とモーターとの初めての出会いだった。

「モーターって面白いもんやな」

自分で工夫すれば誰よりもいい一番のものができる。そして、一度も褒めてくれなかった先生が褒めてくれた。永守のなかに強烈に「モーター」が焼き付けられた。

◇突然の不幸

中学校に入っても、家の手伝いをする生活は変わらなかったが、柔道部と弁論部に入った。子供のころから体の大きかった永守は「悪ガキ」で、気にいらない奴はなぐりつけたし、女の子を野ツボ（肥溜め）に突き落とすなどのイタズラもした。柔道部は体が大きく、もっと強くなれると思ったから入った。そして、小さいころから口下手だったことを克服しようと弁論部に入った。永守は弁論部でも頑張った。京都地区の中学校の大会で優勝し、東京で開かれた全国大会に出場した。周囲の人間は、声が大きく、明瞭な演説をする永守は優勝間違いなしと思っていた。しかし、途中で文句を忘れてしまった。それでも五位だった。

そんな中学校生活を送っていた永守が二年生のとき、突然の不幸が訪れる。リヤカーを引き、京都まで野菜を売りに行って一家の生計を支えていた父親が亡くなったのだ。父親は死ぬときまで永守の成績が全体の真ん中ぐらいだと思っていた。いつも通信簿はオール五だった。両親は家計を支えるのに忙しく、PTAや父兄会に来たことはなかった。通信簿もほとんど見たことがなく、オール五は十点満点の真ん中と誤解していた。

父親は何度となく永守にこう言い聞かせた。

「重信。義務教育を卒業したら働けや。電気屋で修業して手に職をつけることや」

当時、農家では家は長男が継ぎ、それ以外の子供は女ならば嫁に行き、男ならば養子に出したり、他に仕事を見つけさせるのは当たり前だった。末っ子である永守はどこかで仕事を見つけて自活しなければならないと思っていた。長兄からも「重信、中学卒業したら働いてくれな」と言われていた。永守は「おかあちゃんや兄貴に迷惑はかけられへん」と思い、中学を卒業したら就職しようと思っていた。

◇高校進学

そんな中学校三年生のある日、永守の担任の先生が家にやってきた。そして、母親と長兄に向かって「重信君を高校に進学させてやってほしい」と説得を始めた。当時、永守は学年で一番の成績を続けていた。

「うちは、父親を亡くして、重信を高校に行かせるようなお金はありません」

担任の先生は永守の高校進学を渋る母親と兄を必死に説得してくれた。

「重信君なら奨学金も得られます」

奨学金を受けること、奨学金で足りない分はアルバイトで稼ぐことなどを条件に、母も兄も高校進学を渋々許してくれた。

永守は一九六〇年四月、晴れて京都府立洛陽工業高校電気科に入学した。父親から言われていた「電気屋への就職」は、工業高校の電気科への入学に変わった。卒業後の就職のことを考え、必死に勉強をした。弁論部と柔道部の活動は高校になっても続けた。柔道二段をとったのは高校時代だ。

◇塾経営で株式投資

学校から帰ると学費と小遣いを稼ぎ出すためにアルバイトに精を出した。そのひとつが模擬試験の採点。京都大学の学生と偽って、高校生の二倍のアルバイト料をせしめたりした。しかし、高校時代の学費と小遣いの主な源泉は塾経営だった。

当時は永守の自宅の周辺には塾がなかった。地元では「勉強のできる子供」「成績表はオール五で、いつも学年でトップを争っていた」という話が広がっていたから、近所の子供たちが集まった。最初は自宅に小・中学生を八人集めて始めた。教える科目は全教科。小学生なら国語、算数、理科、社会。中学生だったらこれらに英語を加えて、高校の受験勉強を指導した。月謝は毎月四百円。教材は自らガリ版で刷った。わら半紙代だけが、コストだった。

初めての年に「鶏口となるも牛後となるなかれ」と進学校を選んでやり、中学生全員を希望校に合格させた。瞬く間に近隣の地域で「永守塾」が評判になり、生徒の数がどんどん増え、コンスタントに三十人以上の生徒が通ってきた。ピーク時には八十四人まで膨らんだ。そのときの月収は三万三千六百円。当時の大卒サラリーマンの初任給は一万円程度。永守は塾最盛期に社会人一年生の三倍を超える月収を得ていた。

このお金で、永守は通学用のオートバイを買った。「陸王」という名前で軍用に使われていた国産のハーレー・ダビッドソンだ。四サイクル千二百CC二十八馬力のエンジンを積み、時速百キロ近くまで出た名車である。

当時の楽しみは鮨。月謝が集まると、近くの寿司屋に行って、カウンターに座り、腹いっぱい鮨を食べた。

高校生としては使い切るに余りあるお金を手にした永守は、高校一年生のときからあることを始めた。株式投資である。

当時、一般的に財産と言えば、土地と株だった。娘が嫁入りのときに持たせられる、安定配当が得られ、無償増資などで価値が高まっていく株を資産銘柄と言った。永守は関西電力などの資産銘柄や身近な企業の株式を売買した。株式投資を始めるにあたっては、日本経済新聞を読んだという。

◇大学へ行きたい！

そんな高校生生活を送っていた永守だが、母と兄からは「重信、高校まで行かせたんだから、すまんけど大学は辛抱してくれよ」と言われていた。しかし、永守は大学進学への夢を諦め切れなかった。

「おかあちゃんや兄貴に迷惑をかけないで、大学へ行く術はないやろうか？」

昼間は働き、夜学で大学へ通う。そういうことを認めてくれる会社を探した。そして、夜間の大学にも通える大手電機メーカーの電子部品子会社を見つけ、そこに就職することを決めた。大学は立命館大学を受けることにした。夜間の工学部があったからだ。

ところが、卒業を控えた正月に心変わりする。中学校の同級生で新年会を兼ねた同窓会を開いた。高校三年生が集まれば、話はおのずと卒業後の進路のことになる。中学校時代に自分より全然勉強ができなかった同級生が何人も大学へ行く。それも京都大学などの一流大学を目指しているという。永守はどうしても大学に行きたくなった。

家に帰って、母親にお願いした。

「おかあちゃん、中学の同級生がみんな大学へ行くんや。わしより勉強でけへんかった奴もや。わしも大学へ行かせてもらえへんか」

「重信、高校にだって無理して行かせたんや。大学へ行っても学費なんか出せへんで」

永守は高校の担任に相談した。すると、担任の先生は学費のかからない大学があることを教えてくれた。防衛大学校、気象大学校、職業訓練大学校（現・職業能力開発総合大学校）などだ。永守は電気工学を学べること、通常の奨学金の倍の額を支給してくれる奨学金制度があることから、職業訓練大学校を受験し、合格した。そして、月額九千円を支給される特待生にもなった。一九六三年春のことである。

3　職業訓練大学校

◇擬似経営者

職業訓練大学校の電気科に入学した永守は必死に勉強した。学校では「カマボコ」と呼ばれた。大学の授業では一番前の席に張りついた。授業が終わるとすぐに寮に帰り、机にかじりついて勉強をした。それを見た同級生がいつも机に張り付いているので「カマボコ」と名付けた。

ただ、永守は大学で電気工学を勉強していただけではなかった。中学、高校と続けた弁論部での活動で、口下手は克服した。大学では、小さなころから好きだった文章を書くことに磨きをかけようと考えた。当時の職業訓練大学校には新聞部がなかった。永守は新聞部を創設し、編集長に就任した。

編集長ではあるが、広告担当も兼務し、職業訓練大学校に出入りしている業者から広告を出稿してもらい、運営費に充てた。擬似経営者である。

永守は当時をこう回想する。

「職業訓練大学校は労働省（現・厚生労働省）の管轄やからようけ業者がおるわね。バックが労働省やからね。そこでいろいろ紹介してもらった。労働省に出入りしている業者。卒業生が全国の職業訓練学校の先生になっている。そこでまた資材買うやろ。そういうところの業者から広告もらって。それで新聞を発行してたわけや。そして、わしが論説を書いたのや」

学校の教育方針に関する批評記事や教え方の悪い教授を糾弾する記事など、次々と大学校運営の改善点を指摘した。学生寮の食堂を材料に「食堂の豚の飯」という論説を展開したこともあった。食堂の経営者は記事は事実無根だとかんかんになって、大学の当局に怒鳴り込んできた。しかし、永守は「どこが事実無根や。そんなら、トンカツ揚げてみろ。脂だらけやないか。人様が食べるもんと違う」と言って押し戻した。寮費が安いので、赤身の多い豚肉はなかなか使えなかったのだ。

大学に入って、精進を重ねたことがもうひとつある。株式投資である。高校時代に日本経済新聞を読み、塾経営で稼いだ資金を元手に資産株の売買から始めた株式投資だが、大学に入ってから本格化した。勉強の間をぬって、ラジオたんぱ（現・ラジオ日経）を聞き、株式売買を重ねた。永守が大学の授業が終わった後に、すぐに寮に帰って「カマボコ」になっていたのは電気工学の勉強のためだけではなかった。イヤホンを耳に入れ、場況の把握に努めていたのだ。

実は短波放送を聞きながらの株式投資は、授業が終わった後だけにやっていたのではない。耳にイヤホンを入れて短波放送を聞きながら大学の授業を受けていた。だから、背中を丸めてカマボコのように机に張りつかなければならなかったのだ。「勉強しながら、株価が動いたらバーッと教室から出ていって。今みたいに携帯電話ないし、公衆電話もないから、教務部へ行って学校の電話でやりとりしたこともあった。『ちょっと母親が危篤で』って言うて電話借りて。それで、『もしもし、あの株十万株売れや』という具合い」である。教務部長は見て見ぬふりをしてくれたようで、後年、同窓会で「おまえあのときはずっと株やっていただろう」と言われたという。

◇運命の出会い

大学四年（一九六六年）のとき、運命の人と出会う。音響機器メーカーのティアックで精密小型モーターの研究をしていた見城尚志である。二十歳代半ばの企業に勤務する若き研究者が講師として着任したのだ。当時、職業訓練大学校は東京都小平市にあった。ティアックの本社は東京都武蔵野市で、地理的に近かった。

見城は一九六二年に東北大学工学部電子工学科を卒業し、六四年に東北大学大学院を修了、ティアックに入社した。ティアックでは情報機器用の精密小型モーターの設計と開発に従事していたが、学位を取得するために大学校に講師として着任した。その後、八一年には現在の職業能力開発総合大学校の教授に就任するが、現在では日本を代表するモーターの権威である。

永守が小学校四年生のときに、その出来栄えを褒められたモーター。見城はモーターに関して、幅広くしかも深い知識を持ち、意欲的に研究活動に取り組んでいた。永守は見城のそういう姿勢に引き付けられた。しかも、研究の対象はあのモーターである。永守は見城に卒業研究の指導をお願いした。そして、永守は精密小型モーターに傾倒していった。

永守はこう振り返る。

「あの大学に行ったことが私の人生を大きく変えた。見城尚志先生というその後日本のモーターの権威になる人と出会い、モーターを一生の仕事にすることになった」

4 就職

◇ティアックへ

永守は職業訓練大学校を首席で卒業し、見城の推薦でティアックに入社した。精密小型モーターの研究・開発が仕事だ。六七年の秋には見城と一緒に学会で精密小型モーターのひとつであるブラシレスモーターに関する論文を発表した。

このころ、永守は社長になる夢を実現するために、ある計算をする。永守の試算によると、独立して会社をつくるには二千万円の資金が必要と出た。永守は二千万円を貯める方策をこう考えた。基本給とボーナスは全て貯金に回して、残業代だけで生活する。すると、三十五歳になれば必要資金が貯まることがわかった。永守は三十五歳で独立することを目標に定めた。ひとつの会社で「石の上にも三年」頑張るとすると、三十五歳までに四つの会社に勤められる。その間に独立に必要な知識や経験を積む。

ティアックに入社した永守は精密小型モーターの開発に心血を注いだが、母親から学んだ永守の気性は周囲との軋轢を生んだ。

「だれに何と言われても自分の信念を貫くんだという考え方は母親ですね。自分の道を行く。母親はあまり人の意見にそのまま従うというのを嫌いました。僕もそういうの嫌いやからな。必ず自分の意見言うから」

永守が入社二年目のあるとき、こんなことがあった。長野県上伊那郡に後に信濃特機となる信濃ティアックという製造子会社があり、高級テープレコーダー用の精密小型モーターを製造していた。当時、製品の歩留まりや品質に大きな問題があって、ティアック経営陣は大変困っていた。そこで経営陣の指示により、永守は現地に飛んだ。

すると、工場の裏のなし畑に穴を掘って不良品のモーターを埋めて、不良品隠しをしていた。永守は東京に帰って、社長に状況を報告した。社長は「永守君、どうしたら問題は解決するかね」と問うた。永守は「私を社長か工場長にしたら直ります」と迫った。永守は関連会社の社長にしろと迫ったのだ。社長はこう返事した。

「君、まだ入って一年少しじゃないか」

◇投資の大損で身につけた経営の基本

社会人になると、高校時代に始めた株式投資はセミプロ級になってくる。少ない自己資金で規模の大きな取引のできる信用取引を活用した。独立資金を稼ぐのが狙いだった。ある銘柄の株を買ったときに、売却する株価を決めて売買益を稼いだ。しかし、株式売買の妙味を知った永守は、徐々にリスクのある取引も使うようになる。空売りである。

入社三年目の七〇年、リスクは現実のものになった。「そのころは資産が一億円を超えた」という永守はある銘柄に空売りを仕掛けた。ところがその会社が新製品を開発して、株価はどんどん上昇した。永守ができることは、株価の上昇とともに株式を買っていく「踏み上げ」をするしかなかった。最後に手元に残ったのは二百万円だった。

このとき、永守はこう誓った。

「自分の資産を超える売買をしてはならない。信用取引をしてもいいが、必ずそれを裏付ける資産を持ってないといけない。現物の株式を買える資産を持っていれば、いざというときに現物を買って換金できる。だから自分の資産以上のことは一切やらん」

現金・現物主義とでも言うべきその後の経営方針は、この取引が源流と言える。

永守はこう回想する。

「あのまま一億円も儲けていたら人生変わっていただろうね。こんなに堅実な経営はしなかったかもしらん。仮に会社をつくっても潰れていたかもわからんな」

5 子分

◇小部博志との出会い

ティアックに入社した永守は職業訓練大学校の寮を出て、会社からほど近い国分寺の一軒家に下宿した。二階の四畳半を二間ぶち抜きで借りた。ここで、日本電産を設立する時の子分や仲間ができる。現在、日本電産で永守以外に唯一代表権を持つ副社長を務める小部博志がそのひとりだ。永守は職業訓練大学校の三期生だった。七期生として職業訓練大学校に入学、九州の小倉から上京し、永守が借りていた二階の四畳半の隣にあった三畳間を借りたのが小部だった。

小部は国分寺に下宿を借りた当時の事情をこう説明する。

「大学は寮に入ってもいいし、下宿をしてもいいということだったんです。寮に入れば月々の生活費も楽になるし寮に入ろうかなと思ったけれども、その寮というのが、いろいろ話を聞くところによるとスパルタ的で、先輩・後輩の関係が非常に厳しいというふうに聞いていたわけです。そんなところに入って、私も九州から出てくるわけですから、そんな先輩・後輩の関係とかいうのは嫌だ、スパルタ的なところは嫌だということで、東京の国分寺というところの不動産屋に下宿先を探してもらって下宿したのです。当時、一畳が千円です。一万五千円の親の仕送りで、寮に入れば月々三百円ぐらいで済むものを、三千円払ってスパルタを避けたわけです」

小部は下宿に入ったその晩、隣の部屋に帰ってきた永守に引っ越しの挨拶に行った。

「初めまして。小部博志と言います。今日から隣の部屋に下宿することになりました。よろしくお願いします」

「おう、君はどこの学校や」

「私は職業訓練大学校です」

「何や、わしの後輩やないか。何科や」

「電気科です」

「わしも電気科や。それなら、今日からわしの子分にしたる」

「もう金縛りみたいな感じで、抵抗なんてできませんでした」。小部はこう打ち明ける。

永守二十二歳、小部十八歳の出会いだった。先輩・後輩の関係が嫌で下宿を選んだ小部は、こうして寮よりも厳しい先輩・後輩の世界に足を踏み入れた。

◇すぐやる、必ずやる、出来るまでやる

小部は下宿で永守の教練を受けた。ある日、こんなことがあった。夜、永守が会社の仲間と下宿に帰還する。すると「おい、小部ーっ」と呼ばれる。小部は部屋で勉強をしていても、すぐに永守の部屋に飛んでいった。

そして、永守が命令する。

「おい、小部。ビール買ってこい」

ビールの自動販売機もコンビニエンスストアもない時代である。しかも、下宿の周辺は住宅地で、近くの商店街の酒屋はとっくに閉まっている。

小部は国分寺の町を三十分以上歩きまわった。しかし、どこの酒屋も閉まっている。「ビール買って帰らんと、先輩にどつかれるな。嫌だなあ」とか思いつつ、ひとり言をぶつぶつ言いながら、重くなる足で歩いた。

どうしようもないなと地面を見ていた顔を上げると、目の前にあった。赤ちょうちんがあったのだ。

「おやじさん、悪いけどビールを三本ほど分けてもらえないでしょうか」

「にいちゃん、ここは飲み屋だよ。酒屋と違うんだからだめだ」

「おやじさん、お金はいくら払ってもいい、倍でも三倍でもいいから分けてくれませんでしょうか。とにかく買って帰らないといけないんです」

田舎から出てきたばかりの学生を不憫《ふびん》に思ったのか、飲み屋のおやじはこう言ってくれた。

「わかった。じゃあ、分けてやるから、飲み終わったら、必ず空き瓶持ってこいよ。持ってきたら瓶代を返してやる」

日本電産の「すぐやる、必ずやる、出来るまでやる」の原型を仕込まれた。今でも小部の人生訓のひとつは「出来るまでやる」である。

◇永守流「経営塾」

夏の休日にはこんなこともあった。

隣から、「小部ーっ」といつもの声が響いた。すぐに永守の部屋に行くと、こう言われた。

「おい、アイスキャンデー買ってこい」

「わかりました」

「じゃあ、おまえに三十円やる。それで三本買ってこい」

当時、アイスキャンデーは一本十円だった。下宿の前にある駄菓子屋でアイスキャンデーを三本買って戻ってくると、永守はこう言った。

「おまえに一本やる、わしは二本や。何でおまえが一本でわしが二本かわかるか。金出したのはわしや。買いに行ったのはおまえや。もし自分が買いに行けば、おまえはゼロや。だけどもおまえが買いに行ったから一本やる」

小部は後に、この出来事をこう理解した。

「お金の大切さとか、お金を出した人、すなわち今で言えばお客さんが金をくれる。そういう人が大事だよということだと、自分なりに後で思った」

「一番を目指せ」ということも、学生時代のうちに教えられた。ある日曜日の出来事だ。小部は永守からこう問われた。

「世の中にはいろんな人がいて、いろんな職業があるけど、日本で一番偉いのはだれか知っとるか」

「日本で一番といったら天皇陛下と違いますか」

「おう、そうや。天皇陛下が一番偉いけども、天皇陛下にはなれない。あれは世襲制だからなれない」

「じゃあ内閣総理大臣ですか」

「おう、あれは政治の世界では一番や。しかし世の中、政治だけじゃない。いろんな事業もあれば、ヤクザもあるし、いろいろある。もし、政治の世界でわしが内閣総理大臣になったら、おまえを農林大臣にしたるわ」

「小部、何でもいい、何でもやっぱり一番にならなあかん。ヤクザになるのならヤクザの

「一番にならなあかん」

一番を目指すために、自分に厳しく生きるということも教えられた。小部は朝が苦手だった。目覚まし時計が鳴っても全然起きなかった。そんな日が続いた。すると、あるとき部屋にメモが入っていた。

「そんな意思の弱いことでどうする。そういう姿勢では大成しない」

6　独立への助走

◇辞表

永守がティアックに入社して三年目の一九七〇年にあることが起きる。当時すでに開発室の室長代行として、ティアックの精密小型モーターの開発を担っていた。永守はかわいがってくれていた当時の社長の谷勝馬に直訴した。

「こんどこそ、自分に工場長をやらせてください」

しかし、谷はこう言った。

「まだ入社三年目だ。君の能力は買っている。せめて十年辛抱してくれ」

永守はこのとき決断した。

「こんな会社はあかんわ」

辞表を提出した。

永守をかわいがっていた谷は、職業訓練大学校の当時の学長である成瀬政男にもかけあい、永守を引きとめようとした。しかし、永守の意思は固かった。

永守のもとには、今で言うところのヘッドハンティングもかかっていた。一社三年で四社勤めて独立する。この事件で永守はティアックを辞めた。

永守は将来独立するとき、生まれ故郷である京都で創業しようと考えていた。二番目の会社は、京都に本社がある精密工作機メーカーの山科精器に決めた。いくつかの会社から声がかかったが、「電子部門に進出するので是非来てほしい」と、山科精器の池田肇社長から直々のスカウトがあった。

「今までの経験を生かし、自分が責任者となってモーター事業を立ち上げられる。大将になれる」

永守はこの話に乗った。

◇事業改革

一九七〇年十一月に山科精器に入社した永守は、新設されたモーター部門の電子開発課長に就いた。二十六歳のときである。ほどなく電子開発課は電子事業部に昇格し、永守も電子事業部長に昇格した。山科精器のモーター事業の最高責任者になったのだった。

山科精器でモーター事業の全責任を負うことになった永守は、ひとつの考え方を打ち出した。「機電一体」である。モーターは電気の技術も重要だが、実際にモーターを製造するには機械技術、いわゆる生産技術も重要で、この二つが強くなければ良い製品はできないと宣言した。精密工作機メーカーである山科精器の強みに電気という新しい技術を融合させ、製品の競争力を高めようとしたわけだ。目の前にある経営資源はフルに活用して、事業の競争力を高めるという永守流経営の構成因子のひとつは、このころから醸成されていた。

また、業界後発のモーター事業の認知度を高めるためにあることをした。ブランドをつけたのである。ブランド名は「Ｙａｓｅｃ（ヤセック）」。山科精器の山科の「ＹＡ」と精器の「ｓｅ」を冠し、だれもが覚えやすいブランド名にした。もちろん、海外の顧客にもわかりやすいものにした。永守は後に日本電産の設立と同時に「Ｎｉｄｅｃ（ニデック）」というブランド名を創った。日本電産という社名の日本の「Ｎｉ」と電産の「ｄｅ」を組み合わせた。

◇人脈

そのころ、その後永守が日本電産を設立してから強力な味方になる人物に出会う。市川陽一（日本電産常勤監査役を最後に退任）である。

当時、市川は明治時代に隆盛を誇った堀越商会という商社の流れを汲む加地貿易という貿易商社の大阪支店長を務めていた。七一年十月、大阪と東京・晴海で見本市が開かれた。加地貿易では雑貨や食品を扱っていたが、為替相場がスミソニアン協定によって一ドル三六〇円から三〇八円に切り上がり、雑貨や食品の輸出業務の先行きは暗かった。将来性のある製品の貿易に関わりたいと、輸出を手掛ける商品を鵜の目鷹の目で探していた。

市川は大阪の展示会で山科精器という名前も知らない会社のブースに足を運んだ。すると、英語と日本語のすばらしいカタログが置いてあった。市川は「アメリカの会社でモーターに興味があるお客さんがいる。そこに売り込んでみたら新しい商売になるかもしれない。自分が探していた商品はこれだっ」と思った。

カタログを見た市川は、すぐに山科精器電子事業部の営業課長のアポイントをとった。アポイントの当日、京都市山科にある山科精器の古い木造の掘っ建て小屋の二階で営業課長と話していると、営業課長が席を外した。課長は席に戻ってくると、「事業部長がいたので、来てもらいます」と事業部長を商談の席に呼んでくれた。当時三十五歳の市川は「事業部長というとかなり年配の人が出てくるのだろうな」と思った。すると、色が白くて太っている若者がやってきた。

「初めまして、事業部長の永守です。当社の製品に興味を持っていただきありがとうございます」

永守との初めての邂逅《かいこう》である。この出会いをきっかけに、市川は山科精器のモーターやギアヘッドの輸出業務を手がけることになった。市川と永守との付き合いはこのときから始まった。

◇布石

三十五歳で独立を目指していた永守は、さらにもうひとつ布石を打っていた。国分寺の下宿で「子分」にした小部を山科精器に入社させたのである。

永守がティアックを辞める前年の六九年、小部は職業訓練大学校の三年になり、就職のことを考え始めた。小部は学生時代からかわいがってもらい下宿も一緒だった永守に相談した。すると、永守は「お前の就職先はわしが決めてやる。就職雑誌を買って来い」といつものように小部に指示した。

永守は就職雑誌をパラパラとめくり、あるページで手を止め、こう言った。

「小部、ここに行け」

永守が指差した会社は、大阪に本社を置くドアロックの会社だった。当時、機械式のロックが主流だったドアロックの市場で、磁石を使ったマグネットロックが広がり始めた。同じ磁石を使うモーターの開発をしていた永守は「小部、この会社で磁石を勉強してこい」と、就職先とその目的を明確に指示した。

小部は大学四年生になって、担当教授に紹介状を書いてもらいその会社を受けた。教授には「君、なんでこの会社に行きたいの」と聞かれた。小部はこう答えた。

「永守先輩に決めてもらいました」

国立大学からの卒業生が少なかったその会社には、すんなりと入社できた。しかも、入社式では新入社員総代で挨拶をした。

「経営者になったつもりで一心不乱、一生懸命に働きます」

しかし、その一か月後、工場での実習が終わろうとしたころにかかってきた永守からの電話で、小部の人生が大きく展開する。

「小部、その会社辞めてうちに来い」

「まだ、入社して一か月です。大学と会社に迷惑をかけてしまいます」

「そんなん知るか。そこにいるのがいいのか、こっちに来るほうがいいのか自分で考えて来い」

小部は観念した。

「こうなったらしようがない。九州のおやじが倒れたことにするか」

小部は大阪に借りたアパートから九州・小倉の実家に電話をした。

「おやじ、永守さんから自分が事業部長をやっている会社に来いと言われた。俺は先輩のところに行こうと思っている。入社したばかりの会社を辞めるのは大学校にも迷惑がかかる。申し訳ないけど風呂場で突然倒れたことにしてくれ。長男なので急遽実家に戻らなければならなくなったと言って辞めるから。明日会社の総務部に電話くれるか。頼むよ」

小部が国分寺に下宿していたところ、小部の両親は何度となく下宿を訪れていた。当然隣の部屋に住む息子の「親分」である永守とも何度となく話をしており、永守のことをよく知り、信頼を寄せていた。

翌日、会社で実習をしている小部のところに総務部の社員がやってきた。

「小部さん、九州のご実家のお母様から電話が入っているよ」

計画通りである。小部は「来た来た」と思いながら総務部に行き、電話をとった。

「どうしたんだ？」小部は深刻そうな表情で問いかけた。電話の向こうでは母親がゲラゲラ笑っていた。小部はさらに深刻そうな表情をつくり、「ふーん、そうか。仕方ないな。わかった」と言って電話を切った。

そして、総務部長の席に行き、「おやじが風呂場で突然倒れてしまった。自分は長男なので帰らなければならない」と説明した。総務部長はいい人だった。

「そうか、大変だな。すぐに帰ってあげなさい」

小倉に帰った小部は四日間地元で羽を伸ばした。その間、親戚に頼んで退職理由の手紙を書いてもらった。

「博志は小部家の長男で、父親が突然倒れたので実家に戻さなければならない」

小部はその手紙をもって、大阪の会社に戻り、総務部長に親戚の書いてくれた退職理由に沿うような事情を話した。

「それは大変やな。残念だけど仕方ない。まあ、気落とさんと頑張りや」

「ありがとうございます」

「これは一か月分の給料や。とっとき」

大阪のアパートを引き払った小部はそのまま京都・山科にいる永守のもとに向かった。

◇経営方針をめぐる相次ぐ衝突

小部が入社した翌年の一九七二年四月、山科精器はモーター事業を別会社化し、「ヤセック・エレクトロニクス」を設立、永守は取締役事業本部長に就いた。ヘッドハンティングされたとはいえ、入社二年目の二十七歳の若造が、子会社ではあるが取締役に就いたのである。このころから、永守に対する社内の風当たりが強くなってくる。永守は上司と年中衝突した。

たとえば、自らが研究を続けてきたブラシレスモーターの事業化だ。モーターは磁石のN極とS極がくっつこうとする力と、同じ極同士では離れようとする力を利用して回転させる。モーターはN極とS極を電流の流れを切り替え、回転運動を生み出す。この電流の切り替えに使うのがブラシという部品。回転するモーターの部品と物理的に接触しているので、摩擦によって雑音が発生したり、回転数が制限されるなどの欠点がある。このブラシの役割を電子的に行うのがブラシレスモーターである。

しかし、当時はまだ、小型・精密なブラシレスモーターは、リスクが大きかった。当然、新規事業としてモーター事業を立ち上げた山科精器としては、すでに市場性があり、用途も見えている既存のモーター市場でシェアを取っていくことを考えた。新型の小型の精密モーターを開発するよりも、下請けや換気扇向けなどの既存のモーターなどで収益を確保するほうが得策と判断したのだ。

海外市場に対する考え方も衝突の原因だった。永守は広く海外に市場を求め、モーター事業を拡大しようと考えていた。永守が山科精器に入社し、「Ｙａｓｅｃ」という英文のブランドを創ったのは海外市場を強く意識したからだ。しかし、上司は「国内に顧客がいるのだから、わざわざ海外に出て行く必要はない」と考えた。しかし、永守は新しい分野にどんどん挑戦したかった。しかし上司はなるべくリスクをとらなくて済むやり方を重視した。

しかも、当時はオイルショックの直前で、物価がどんどん高騰していた時期だった。会社からは「製品価格をどんどん値上げせよ」「他社はうちの製品の何倍もの価格で売っている。なぜ、どんどん値上げしないのか」。そんな命令が次々に下された。

「必死に頭を下げて取引先を開拓して、事業を育ててきたのに、他社と同じことをしたら、後発のうちの発注は切られてしまう」

こういうことが重なった。

そんな衝突を繰り返すなかで、永守は部下や取引先などに、思いを語った。

何人もの部下が、「永守さんが独立するのなら、ついていきます」と言ってくれた。永守は考えた。ティアックから職業訓練大学校の二年後輩の遠藤峰世、三年後輩の田辺道夫、そして、四年後輩の小部博志を山科精器に連れてきた。しかも、それ以外にもティアックから引き抜いた「同志」が十数人いる。山科に入社してからの「仲間」もいる。

「わしが独立すれば、精鋭が三十人はついて来るだろう」

◇独立へのお墨付き

「モーター事業を立ち上げ、その責任者である取締役事業本部長といえども、思うような経営ができない」

四社で三年間ずつ勤めて独立する計画だった三十五歳にはまだ七年あった。しかし、ティアックが七〇年四月に東京証券取引所第二部に上場し、買ってあったティアック株が時価で二千万円を超えていた。独立に必要と計算していた二千万円はすでに貯まっていた。

七三年のある日、永守は自分をスカウトして、その後もかわいがってくれた社長の池田肇に相談した。独立の決意は固めつつあったが、仁義を切っておきたいと思った。

池田はこう言った。

「永守君、君は静かな海に嵐を持ってくる男だ。君が来るところはいつも波が立つ。これ以上サラリーマン生活は無理だ。自分のやりたい夢があるのなら独立したほうがいいんじゃないか」

社長からのお墨付きをもらった。

7 創業

◇母の言葉

一九七三年春、永守は山科精器を退職した。

退職までの過程で、永守の独立に賛成する人たちは「同志」や「仲間」を除くとほとんどいなかった。特に家族はそうだった。給料はティアック時代の三倍になり、子会社といえども取締役になっている。しかも年齢はまだ二十八歳。夫人はもちろん、永守に大きな影響を与えた母も「こんなに若くして重役にとり立ててもらったのに、何が不満なのか」と引きとめた。独立引きとめには親戚までもが駆り出された。

永守は独立を不承不承認めてくれたときの母親の言葉を今でも忘れていない。

「母親にはもっと後にしてくれと何回も頼まれた。『自分はもうじき死ぬと思う。七十歳だから、もうじき死ぬ。会社辞めて独立するのは私が死んでからにしてくれ』と。ただ、私も何回も何回も母親を説得した。そうすると、『どうしてもやるなら、おまえは人の倍働くか。自分は倍働いた。そのおかげで土地をたくさん買って、完全な自作農になった。倍働いたらできる。お前も倍働く気があるか』と譲歩してくれた。私はそこで『倍働く』と言って、独立を認めてもらった」

ティアックの上場によって得た資金とそれまでの株式投資で増やしてきた資金などを集めると、二千万円という資金が貯まっていた。

永守はなぜ、資本金二千万円にこだわったのか。会社というからには億単位のビジネスがしたいと思った。年商一億円の会社とすると、月商は八百万円強。二億円とすると千七百万円弱。月商分くらいの資本金は、事業をするうえでの「頭金」として必要と判断した。

仮に三十人の社員に月間五万円の給与を支払うとすると、月に百五十万円の給与が出ていく。半年で九百万円が消えていく。モーターを製造する機械などの設備や材料費も必要になる。二千万円あれば、半年はなんとかなる。その間に、銀行などから資金などを借り入れれば、資金繰りはどうにかなる、と踏んだ。

◇始めに志ありき

こうやって資金計画や事業計画を詰めていったが、永守が一番こだわったのは「志」の部分だった。

「始めに志ありき」

現在、日本電産グループの社員は全員が永守のものごとの考え方である「Ｎｉｄｅｃポリシー」や「永守イズム」をまとめた『挑戦への道』という小冊子を持っている。そのなかで永守はこう書いている。

「私が会社を興したとき、まず、最初に行ったことは会社の基本方針を立てることであった。生産計画も大事、販売計画も必要、資金計画も作成しなくてはならないが、何よりもまず、どういう会社を目指すのか、私達の志を具体的な言葉にしておこうと考えた」

社是は母校の初代学長で、歯車の研究で世界的に著名な成瀬政男（東北大学名誉教授）が常々語っていたものに影響を受けた。永守が学生時代、成瀬は職業訓練大学校の建学の精神を「科学・技術・技能の結合」と常々語っていた。永守はこう言う。

「この先生は科学、技術、技能の一体化というのを常に僕らに言ってたわけや。科学と技術はわかるでしょう。それに技能の世界も一緒にした。その先生の言葉が入っている」

永守は同志である遠藤、田辺、小部を集めては、自分がつくろうとしている会社の志や理想について話し合った。それまでの会社勤め時代に起こったことを反面教師として、社是や経営理念を創り上げていった。

永守たちはこんな議論をした。

「今までの企業は同族色の悪い面が現れていた。親類縁者を幹部に登用し、人材を育てていなかった」

「同族企業は力のある人材をつぶしにかかることもある。そんなことをしたら、いい人材がどんどん辞めていくし、いい人材が集まらない」

「大企業の下請けとして製品を作っていると、自分たちの意見も言えない」

「自分たちの持つ技術を活かした製品を開発し、自ら市場も切り拓いていくべきだ」

「他人のやらないことをやらなければ、一番にはなれない」

◇創業時から「世界」を意識

こうやって出来上がったのが、日本電産の「社是」と「経営三原則」である。

社是は日本電産の目指す基本的な方向をこう示している。

『我社は科学・技術・技能の一体化と
　誠実な心をもって
　全世界に通じる製品を生産し
　社会に貢献すると同時に

会社および全従業員の繁栄を推進することをむねとする』

そして、経営三原則はこう決めた。

一．企業とは社会の公器であることを忘れることなく経営にあたる。すなわち、非同族企業をめざし何人も企業を私物化することを許されない。
二．自らの力で技術開発を行い、自らの力でつくり、自らの力でセールスする独自性のある企業であること。すなわち、いかなる企業のカサの中にも入らない独立独歩の企業づくりを推進する。
三．世界に通用する商品づくりに全力をあげ、世界の市場で世界の企業と競争する。すなわち、インターナショナルな企業になることを、自覚し努力する。

社名は世界に通用するものにしたいと永守が命名した。永守はこう回顧する。

「最初は日本電機産業という名前にしたんやが、同名の会社が大阪にあった。だから縮めて日本電産にしたんや。いろんな人が日本電気と松下電産（松下電器産業）をくっつけて社名にしたと言うけれども、違う。そして、英文はもともとはジャパン・エレクトロニック・プロダクト・コーポレーションという名前で、ブランドはジャプコというのでやろうと思ったんやけど、すでにあったから日本電産とニデックという名前にしたんやね」

「僕はティアックにいたでしょ。そして山科精器に入ってヤセックというブランドを創った。世界を制覇していくには、ブランド名が必要だと思った。一番にできたのが社名で、ブランドが二番目にできた。デザインも全部自分でやった。もうこのころは誇大妄想みたいな感じやったね。社名からして。普通だったら永守電機とか京都製作所とか、場合によっても京都電産ぐらいやね。それを日本電産という名前にして、海外で通用するためにニデックというのを創ったのやから。本当にすべてが誇大妄想やったね」

◇創業の仲間たち

永守は、自分たちの「理想郷」をつくろうと考えたが、実際に会社設立に動き出してみると、それまで「永守さんについていきます」「設立に参加します」と言っていた仲間がほとんど来てくれなかった。永守は現実の厳しさをひしひしと感じた。このころ、永守は全身にじんま疹がでた。永守にとってそれくらい大きな挑戦だった。

そして、一九七三年七月二十二日、京都市右京区（現・西京区）大枝の自宅に同志を集め、社名、社是、経営三原則を確認した。すでに、会社経営の憲法とも言える定款は七月十一日に制定していた。そして、翌日の二十三日を新会社の創業日にすることを決めた。

職業訓練大学校以来の同志である遠藤、田辺、小部は永守についてきた。この晩、自分たちの理想を実現するための会社について、同志たちは夜の闇が白んでくるまで語り合った。

日本電産は四人の創業メンバーによってスタートしたが、その後相次いで、その後の中心的な経営幹部になる人物がこの零細企業に参画してきた。創業の翌年の一九七四年四月には実質的な大学新卒一期生とも言うべき奥田悟が入社。その夏には、現在の専務取締役の浜口泰男、絹川慶春（常務取締役を経て退任）らが中途入社して戦線に加わった。奥田は学生アルバイトとして働いていたが、大学卒業を契機に入社。浜口は山科精器時代に取引のあった協力会社から修業のために入社した。永守は志を共有できるような人材を、様々なルートを通じて少しずつ集めていった。

◇まさにゼロからのスタート

永守の自宅を本社に七月二十三日に創立した日本電産だが、会社には机も設備も何もなかった。「創業の同志」が最初にやったことは、工場を見つけることだった。「安くて便利でいい場所はないか」と京都中を探し回ったが、なかなか見つからなかった。そこで、永守は京都新聞に「工場求む」という三行広告を出した。

この広告を見た京都・桂の染色屋さんが「新築した自宅の一階、百二十平方メートルが空いている」と電話をくれた。場所は京都市右京区(現・西京区)桂上野で、本社を置いた大枝とはそう遠くない。永守たちは現地に建物を見に行った。普通の二階建て民家の一階だが、十分広さがある。早速、敷金七十五万円、家賃十五万円で賃貸契約を結んだ。会社設立から二週間も経たない八月六日のことである。

そして、会社設立前から話をつけてあった機械業者に連絡して、モーター製造に最低限必要な機械類を購入した。作業台やプレス機、旋盤、切削機、ボール盤、グラインダーなど全て中古品でまかなった。

畑に面した駐車場側の壁に「日本電産株式会社〈技術部〉」と看板を掲げた。名実ともに日本電産がスタートしたのだった。

◇モノがなくても売れ!

理想を掲げ、スタートした日本電産だが、実績はない、知名度はない、社歴もない、信用もないというないない尽くしの会社に、そう簡単に仕事が舞い込んでくるはずがなかった。

「創業の同志」のひとりで、現在は日本電産の代表取締役副社長を務める小部は、当時の状況をこう語る。

「営業といっても製品がないからカタログもない。あるのは会社案内のパンフレット一枚です。パンフレットを持って、こういう会社ですけどと言ってお客さんを回っていました。それで注文を取ってこなきゃいかんわけ。モノがなくても売らなきゃいかんのですよ」

モーターの需要のありそうなところを手当たり次第回る日々が続いた。

「お客さんが使っている現物があれば、そのモーターを借りてくる。そのモーターと同じ規格以上の、製品の能力があるモーターの試作品を作る。それで、『使えそうだね』となったら見積もりをする。金型代はお客さんからもらうのですが、その代わり商品は現行のものよりも安い。金型代を投資しても安い。そして、ある台数で金型代を償却したらもっと安くなる。じゃあ日本電産に頼もうかということになる。こうやって一つひとつ注文を取っていきました」

創業直後の日本電産には電話も数本しかなかった。その電話が「話し中」では、せっかく問い合わせなどをしてくる潜在顧客を逃してしまう。だから、小部はいつも公衆電話を使って、売り込みをした。

「電話帳で調べてバーッと電話するんです。テレフォンカードなんてありませんから十円玉をドサーッと持って、公衆電話から電話して。事務所だとよくないから、外へ行って。後ろをパッと見るとほかの人がダーッと並んどるわけ。しゃあないから電話ボックスから出ていって、またほかのところへ行って、それで『日本電産ですけどPRさせてください』とやる毎日でした」

◇昼は営業、夜は製造

仕事を見つけるために、昼間は全員が営業に回った。全員が何から何までやらなければならなかった。そして、試作品でも注文を取ろうものなら、全員でモーターを作った。「昼は営業をやって、帰ってきてからは作業をしました。『小部、お前は営業やれ』というのは、昼は営業で走り回り、帰ってきたら作業着に着替えて作業やるということなんです。部品をエナメルで固めて、洗ったりするわけですよ。モーターの製造・開発・販売をしています。日本電産ですってお客さんに言うんだけど、そんなのだれも知らない。実績も信用もない。あるのは一日二十四時間という時間と、お客さんがモーターを使っているという現実がある。これが我々の原点でした」

ただ、何の見込みもなく創業したわけではなかった。山科精器時代に顧客だった日本電気精器が、コンピューターの外部記憶装置である磁気ドラム用の精密小型モーターを発注してくれていた。しかし、それだけで食えるわけではなかった。飯のタネは先行する他社が手を出さないような価格が安くて数量の少ない案件だ。他社では採算が合わなくても、日本電産が食いつなぐためには必要な案件だった。

そして、狙ったのは研究所や企業の開発部門だった。数は少ないが、創造性の高い製品作りができるうえ、販売価格も高い。製品への採用が決まれば、大量発注につながる。

◇「できる」と思えばできる

永守は専門誌などに「競争相手の半分の納期で仕事をします」という広告を出稿した。製品の開発段階では、試作品を作り上げるスピードが重要だ。このころは、３Ｄ―ＣＡＤ（三次元画像を使ったコンピューターによる設計）もなく、試作品を作っては性能を検証し、さらに改良を重ねるという工程が当たり前だった。開発スピードを上げるためには、試作品を作るための部品の納期がカギを握った。一日二十四時間という時間は誰にでも平等に与えられている。しかし、この二十四時間をどう使うかはそれぞれの勝手だ。『人の倍働く』ことを約束した永守は、これを日本電産で実践した。「人の倍働いて納期を半分にすれば、仮に一回目に納品した製品がダメでももう一回チャンスができる」からだ。

そして、営業の件数はこれまでの会社の二倍。「どんなものでも試作します」とどんどん営業に回る。「下手な鉄砲も数打ちゃ当たる」である。そして、「こんなモーターは作れるか」という引き合いがあれば、どんなものでも「わかりました。すぐ作ります」と答えた。難しい条件の案件が入り、技術部隊が音を上げそうになると、永守はこう叱咤した。「大声でできると百回言ってみい」。「できる、できる、できる、できる……」。

百回言い終わると、「どや、できる気になったやろ。できると思えばできるんや」。

小部はこう振り返る。

「こういう営業をしていたからお客さんと紐付きになるんです。お客さんは他社に転注したくても転注できない、それが日本電産の強みと違いますか。営業マンに力がつく。営業マンは大変だけど、クレームが来れば転注先がないから、うちがきちんとやらないとだめだということです。こうやって品質も高まっていったんです」

日本電産は会社設立直後の七三年九月に五百万円を増資した。小部や後に日本電産に入社する市川陽一、そして会社創立のお祝いを出してくれた企業などにもお祝いの対価として株式を割り当てた。その資金も使って、亀岡市本梅町に倉庫機能としての「本梅工場」を借り、七三年十月には桂工場の隣接地にプレハブの作業場を「建設」した。ここで、当時、日本電気精器向けなどに供給していた交流を電源にしたACモーターを製造するためのワニスの含浸作業などをした。室内には余分なワニスを取り除くためのシンナーなど有機溶剤のにおいが充満するなど、過酷な作業環境だったという。

現在このプレハブは、京都市南区にそびえ立つ日本電産本社ビルの一階にある創業記念館に保存・展示されている。

◇実践が生んだ「ニデックマン哲学」

少ない人数で営業も製造も担当し、全員が八面六臂の活躍をしてもなかなか注文が取れないなかで、新たな顧客として、創業期の収益を支えてくれたのが、映機工業（兵庫県伊丹市）という十六ミリ映写機を製造していたメーカーだ。

それまで、営業に回り、注文が決まりそうになると、多くの顧客が工場見学を望んだ。どんな工場で生産しているのか確かめるためだ。民家の一階の工場と隣接する作業場を見て、注文を撤回することが相次いでいた。

当時の映機工業社長の皆川喜成も工場見学を申し出たひとりだった。永守は「今度もだめや。あきらめてくれ」と同志には言ってあった。

ある日、皆川が桂工場を訪れた。狭い工場のなかを見渡すと、「これやったら立派なもんや。わしが始めたころはもっとひどかったで」と注文を出してくれた。

皆川自身もゼロから大変な苦労をして会社を立ち上げた経験を持っていた。工場見学をしながら、熱っぽく語る永守の情熱や今後の事業計画などに耳を傾けてくれた。さらには、部品調達のノウハウなど様々なアドバイスまでくれた。この注文をもとに日本電産は七四年九月から、映機工業向け十六ミリ映写機用の精密小型ACモーターの生産を開始した。

当時の社員は、夕食の時間になると「さあ、そろそろ昼飯に行こうか」と声をかけ食事に出かけていった。本当の昼食は「十時のおやつ」と呼んでいた。桂工場に寝泊まりするのは当たり前。とにかく働いて働いて、顧客の注文に応えた。

こういうなかで、日本電産の「三大精神」と言われ、ニデックマン（日本電産社員）の行動哲学になっているものが生み出されていった。

・情熱・熱意・執念
・知的ハードワーキング
・すぐやる、必ずやる、出来るまでやる

である。

第3部
永守流経営のエキス

グラッソーNY証券取引所会長（当時）から上場証明書が手渡される

1　採用の苦労

◇初年度は一人も応募なし

永守が「カネ」とともに創業期からずっと苦労しているのが「ヒト」の採用である。日本電産が初めて新卒者を求人したのは一九七四年度（昭和四十九年度、一九七五年四月入社）である。関西の大学に求人票を出し、取引のあった京都銀行桂支店の二階のスペースを借りて会社説明会を開いた。

当時はオイルショック後の大不況の真っ只中で、大企業をはじめとして多くの企業が新卒者の採用を絞っていた。永守は「十人や二十人は来てくれるだろう」と思い、三十人分の鮨を用意して朝から学生を待ち構えていた。しかし、昼を過ぎても夕方になっても一人も来てくれなかった。鮨は社員の「昼飯」になった。

会社説明会にようやく学生が来てくれたのは、七六年四月入社組の説明会を開いたときである。そのときに、超「青田買い」で入社が決まった学生がいた。現・取締役営業部門副統轄の服部誠一である。

服部は当時、関西大学第二工学部の三年生を終える少し前だった。当時は京都にある有名百貨店の貴金属売り場でアルバイトをしていた。貴金属メーカーからの派遣社員という形で貴金属や喫煙具などを売っていた。

ある日、京都・桂にある大学の友人の家で深夜までマージャンをした。朝、起きて学校に行こうか、アルバイトに行こうか迷っていたとき、目の前に「日本電産株式会社会社説明会」という看板が出ていた。友人の家が京都銀行桂支店の目の前にあったのだ。

服部は思った。「幸いアルバイトのためにスーツも着ている。四回生になったら就職活動しないといけないから練習にでも行ってみるか」。服部はその友人も誘ったが、断られた。

支店の二階にある会議室に行くと、広い会議室にいたのは、女性が一人。その女性は服部が部屋に入ってほどなくすると、あたりを見回して、部屋から出て行ってしまった。

◇「君はラッキーだ」？

そこに永守がやってきた。部屋に入ってくるなり、人事の担当者らしき人物に向かって、「君は何をやってるんだ。こんなにパンフレットも印刷して、人が集まっていやへんやないか。人事担当者としてどんな仕事をしたんや」と怒り始めた。そして、ひとしきり、人事担当者への「説教」が終わると、おもむろに服部のほうを振り向いた。運命の出会いである。

「おー、君はラッキーだ。百年に一人出るかどうかの天才経営者とめぐり会えた。わしは明日からアメリカに出張せなあかん。時間もないから、本社に来い。本社で話そう」。そう言って永守は服部を「拉致」した。

永守に連れ込まれた車の中で、服部は延々と永守の夢を聞かされた。

「日本電産という会社は近未来に東証一部に上場して世界を目指す。その後はニューヨーク証券取引所に上場する。一部上場なんていうのは通過点に過ぎない」

「君みたいな学生が東芝や日立製作所に入ったら、定年前になってやっと主任か、まぐれで課長や。君、わしの会社に入ったら一部上場企業の役員になれるぞ。こんなラッキーなことはない」

「世の中に二百万の会社がある。そのなかで上場会社は千数百社や。そのなかの一部上場はもっと少ない。そういう会社の取締役になれるんや」

永守は将来の夢、事業の構想などを二時間喋り続けたという。そして、「よっしゃー。採用したる。大学卒業したらうちに来い。こんな不景気な時代に就職が決まるんや。こんな幸せなことはない」。服部は一言も発言しないまま、こうやって採用が決まった。

服部は当時のことをこう思い出す。

「最初は正直言ってびっくりしましたよ。この人、頭おかしいんじゃないかって。会社に行ってみれば町工場でね。私だって常識はありますから。ただ、話を聞き終わってみたら、絶対この人は普通の人と違うと思いました。よくよく考えたら、人生長いし、別にこれで失敗して日本電産がだめになっても、自分の判断が間違っていても、こんな人にもう二度とめぐり会えない。一回自分の人生を賭けてやってみようかと。親もびっくりしましたよ。『就職活動もせんとポッと決めて。世間を見てない』『いろいろな会社を見て決めればええやないか』とさんざん言われました」

当時はオイルショック後の大不況の真っ只中。服部の採用を決めた永守はすばやく大学の就職課に連絡を入れた。服部は教授に呼び出されて「この不景気のなか、就職が決まったのだからこれ以上就職活動は控えるように。一社決まったら、もうそれ以上受けるのは差し控えてほしい」と言われた。

こうやって、服部は七七年入社組として日本電産に入社した。しかし、七人入社した同期は三人しか残っていない。

◇成績以外の採用基準

永守が情熱、熱意、執念のある人材を会社の戦力にしたいと思い悩んでいたとき、義父(夫人の父親)がこんなことを言った。

「わしの兵隊のときの経験から言うと、戦争のときに活躍したのは早飯、早便、早風呂の奴や。学校の成績は関係あらへん。そういう奴は仕事も速い。しょせん、ちっぽけな今の会社には、成績のいい奴は来いへん。発想を変えたらどや」

それで七八年度に実施したのが「早飯試験」だ。

弁当付きの入社試験と銘打ったところ、三十八人もの学生が集まった。弁当屋に「できるだけ食べにくい食材の入っている弁当を作ってほしい」と頼んで手配した。中身はパサパサのご飯やスルメ、サラミソーセージ、日干しの魚など。事前に当時の社員で「試験」をしてみると、一番早く食べた社員は五分、そして永守は七分だったという。社員の意見を聞いて、「十五分以内に食べられた学生を採用する」と決めた。そして、

「みなさん、まず今からゆっくりお弁当を食べて下さい。お弁当を食べ終わったら試験をします」

といって「試験」を始めた。二十六人が十五分で食べ終わった。「みなさん、これで試験は終わりです」。もちろん、だまされた学生は怒った。当時は地元の新聞に「成績も見ずに弁当を食べ終わった順番で採用を決めたひどい会社がある」と書かれたという。

この手口は一回使ったら二度と使えない。だれもが予想してくるからだ。そこで、翌年は便所掃除試験、翌々年は試験会場先着順、さらには大声試験、留年組専門採用試験など「成績以外の何か」を重視した試験を続けた。

永守は講演でこんな話をする。「早飯喰いで入社した社員が東京大学から博士号をもらい、特許も二百件持っているなど、世界に冠たる開発をしています。今でも五年経ってから新入社員の成績表を開けてみると、会社に入ってからの実力と学校の成績がいかに関係

ないかがわかります。実際のデータを持っているのですから間違いありません」

◇人間の能力差はたかが知れている

永守が採用の基本的な考え方の比喩としてよく使う例がある。

名門京都大学のA君と五流大学天橋立大学（こんな大学は現実には存在しない）のB君が応募してきた。B君は何年も前からどうしてもこの会社に入りたくて、B君の母親も朝早くから起きて、B君の出掛けに「頑張ってきてね」と送り出した。A君のほうは、他の超一流企業を次々と落ちたあげく仕方なくこの会社を受けにきた。この二人に「採用します」と言ったときどんな反応を示すか。B君は満面の笑みで飛びあがって、すぐに母親に「お母さん、ついに憧れの会社に受かったよ」と連絡する。そして、母親は「おめでとう。本当に良かったね」といって、親子で喜び、赤飯を炊く準備をして、鯛を買いに出掛ける用意を始める。A君は「こんな会社に受かるのは当たり前だ」という顔をして、実家にも連絡をしない。「どうせ、実家に連絡しても『こんな会社受かるのは当たり前だ』『何のために京都大学に行かせたのかわからない』と言われるのがおち」と思い、喜びもしない。入社したらどちらが働くか。答えは簡単。B君に決まっている。ところが、世の中の大多数の会社はA君を採用する。しかし、日本電産はB君を採用してきた。

ここで永守はこう明言する。

「私の考え方では、人間の能力の差は五倍しかない。人間の知能とか経験とか知識なんてものは、そこそこの会社の社員であれば五倍もないのです。普通は二倍から三倍ですわ。頭がええとかね、そんなことはもう大して差がない。しかし、社員の意識といいますか、やる気、『それやろう』とか、『今日は絶対売るぞ』とか、『絶対に悪い品物出さんぞ』とか、そういう意識は百倍の差がある。実際は百倍以上ですな、おそらく。千倍ぐらいあるかもしれません。したがって頭のいい人を採るよりも、意識の高い人を採ったほうがうんと会社が良くなります」

◇ニデックマン方程式

永守はこのことを社内向け小冊子『挑戦への道』では、こう解説している。

「これまでの日本の社会、日本の会社を構成する人については、どちらかといえば偏差値の高い高学歴者、すなわち、ＩＱ（知能指数）値の高い人材を重宝し、それを登用してきた。しかし、経済環境の大変革や企業経営の複雑化によって、それは根底から崩れようとしている。『知能』だけの優秀さより、人間としての総合的な『感性』豊かな人材を、社会や企業は求めるようになってきたのである」

この考え方を実際の人事評価につなげるために作ったのが「ニデックマン方程式」である。

Y＝A＋B＋C
Y＝ニデック社員の評価値
A＝基本的物の考え方（ニデックポリシーの理解度）
B＝仕事等に対する熱意
C＝能力

ニデックマンの評価は、単なる能力だけでなく、基本的な物の考え方や熱意が大きな比重を占める。すなわち、能力の低い人でも熱意があれば、能力の高い人と同じ評価を受ける。逆に、いくら能力が高い人であっても、仕事に対する熱意や基本的物の考え方の不十分な人は、総合的に高い評価を受けることができない。A＋B＋Cの総合値をいかに大きくするかが、ニデックマンとして成功するか否かを決定する。

昇進・昇格、給与・賞与の仕組みもこの考え方を基本にしている。

たとえば、月例給与は資格で決まる基本給と役職や役割で決まる職能給で構成する。これに、禁煙手当てなどの各種手当て、管理職ならば管理職手当て、単身赴任ならば単身赴任手当てなどがつく。

そして、基本給を左右する昇進・昇格や賞与は次のような視点からの評価で決まる。

① 実績、実績の変化率
② Ｎｉｄｅｃポリシーの理解、実践
③ 全社業績、部門（事業所）別業績、個人貢献度、個人能力《職種別（開発技術、営業、事務、技能等）に詳細なマトリクスを形成》

そして、これらの個別の評価を総合して、Ｓ、Ａ、Ｂ、Ｃの四段階で評価し、すべて各個人に開示している。特に中間管理職まではニデックポリシーの理解度や実践実績に関する評価の比重が高いという。

◇みんなにわかる評価と報酬

取締役営業部門副統轄の服部はこう語る。

「ベースは前の半年に対して次の半年の売り上げがどれだけ伸びたか。伸び率が基準になります。営業職のボーナスの差はこれでつきます。前の半年に対して次の半年どう伸びたかって、ものすごく単純です。がんばって数字を上げればボンと上がる。営業部の全体の評価も上がってボーナスが増えるし、だめだったら増えない。もちろんある一定額はありますよ。会社全体の業績で決まる部分がありますから。ただ、差がついても納得できます。だって賞与の明細票に全部書いてあるんだもの。どういう評価でどういう査定でと全部ね。自分でボーナスもらったら明細に書いてあります。上司がどういう査定をしているか丸見えです。当社は、たとえばこういう項目はおまえはこういう評価でと全部わかるから、変な評価はできないです。真剣に部下を見ないと。ふだんから話を聞いて、どういうところがこの部下のいい面かと。当社はプラス思考だから。マイナス思考の会社というのはその人の欠点を注意してばかりいるわけです。だめです、絶対に。いい面を伸ばしていかないと。叱って育てるというのは社長の特技でね。我々は叱られてしか育ってないわけですが、その叱るとき、叱らないとき、いつでもやっぱりいい面を伸ばしてあげることを考えないといけない」

日本電産は給与・賞与、昇進・昇格の基準を社員には公開しているが、外部には公開していない。人事・総務などを管掌する副社長（CFO）の鳥山泰靖は日本電産の報酬制度の仕組みをこう解説する。

「基本給以外の複雑な手当をほとんどなくしています。基本給は何級の何号俸という段階を設けています。これは評価によって上がります。何年会社に勤めたら上がっていくという年功は基本的にありません。調整過程でほんのわずかに残っているだけです。どの段階に自分が来たかによって給料が上がっていくわけですから、それが中心です。管理者は役職手当とかはあります。それは額が決まっています。だから社員にとってわかりやすい仕組みだと思います。賞与は、三つの基準から評価します。全社の業績、それから自分の属する部門の業績、そして個人業績の評価です。これらを、SとかA、B、Cとか評価し、結果は公表します。全社業績はいくらですよ、どの部門はいくらですよ。残るのは自分の評価だけです。会社の中で個人の評価は公表しませんが、部門長は『おまえはこういう評価だからこうだ』という説明をしますから、社員は全部わかる仕組みです」

年間賞与は、売上高営業利益率が一〇％を超えれば平均で基準内賃金の五か月分と決めてある。

「販売が計画通りにいって、営業利益率が一〇％確保できれば、本体であろうとグループ会社であろうとどこであろうと、基本的に年間五か月の賞与を払うのが基本です。ただ、賞与というのはいろいろな意味合いで使うわけですから、一〇％をちょっと割っていても業績の伸び率がよかったとか資産の回転率がよかったとかを考慮して五か月払うこともあります。線引きをきっちりして杓子定規《しゃくしじょうぎ》にやるわけではありません」

◇徹底した加点評価

ニデックマン方程式を見ればわかるように、日本電産の人事評価は加点方式で、しかもやる気を重視する。加点方式の象徴的な事例を服部誠一が挙げる。それは一九七九年（昭和五十四年）に起こった。当時入社二年目で主任に昇格していた服部は取引先の倒産に引っかかってしまった。

「結局一億円以上の不渡りになりまして、当時日本電産の月商は少なかったですから、これは社長も『会社が潰れるんじゃないかと思った』と言われるほどの不渡りを被ったわけです。そのときに、私自身は非常に申し訳ないという気持ちが強くあって、これは辞めるしかないかなと思ったんです。このとき社長から、『おまえ勉強したか』と言われたんです。『勉強しました。営業というのは売って、代金を回収して初めて営業だと。そんな安易なものではないと身にしみてわかりました』。そうしたら『わかった。じゃあおまえはこの損を取り戻すまで仕事をしろ』と。要するに決着つけろと。そのときにたたき込まれたのは、責任をとるということ。日本電産で責任をとるということは、自分がしでかした損失を必ず最後までがんばってカバーすることだと。辞めることは逃避することだと。ほかの会社だと減点法ですから、減点法の会社というのは失敗すると責任をとって辞めます。それが減点法ですね。日本電産は加点法ですから、失敗したことはしようがないから自分で背負う。必ず自分でそれを返せ。そうしたらそんなものはチャラだと。その失敗を二度と繰り返しちゃいけないということを肌で学んだのです。そういうことを若い間に経験しておけば、大きな仕事を動かす段になって失敗しない。そういう人材が大事だということで、私はそのとき主任だったのですが、降格もなし、降給もなし、何もなしです。『おまえを信じるからがんばれよ』と、ただそれだけ言われて終わりでした」

この考え方を永守は社員向け小冊子『挑戦への道』のなかで、こう語っている。

「当社の人材評価の基本は『加点主義』である。

評価はまず、ゼロからスタートする。そして、情熱・熱意・執念をもって仕事に取り組み、積極的に能動的に行動してはじめてプラス評価をされることになる。

何もしない、言われた事しかやらないというのではいつまでたっても評価はゼロのままである。『減点主義』をとる他社では、こういう人が、積極的に仕事に取り組んで失敗した人より『加点』されることになる。なんと不合理なことか。

当社では、失敗しても『ゼロ』から敗者復活が許される。失敗しても、『バカ者!』でおしまい。

チャレンジのないところから決して成功は生まれない。

何もしない者より、失敗に終わっても、何かをしようとした者を応援する。そんな社員に拍手を送る会社であり、経営者でありたいと思っている」

◇中途採用による人材確保

多くの成長企業が頭を抱えるのは人材の確保だ。日本電産は創業当初から人材確保に頭を痛め、今なお成長の過程にあるがゆえに、自社のポリシーを守りながら人材を得るために七転八倒している。

なぜか？　それは、日本電産に転職すると、短期的には給料が下がるからだ。

永守が考える中途採用の基準はこうだ。

「前の仕事の年収を下回ってもいいというくらいの人材でなければダメ。一般にお金で来る人はまた、お金で辞めていくものです。成長企業は仕事をずっと続けられる。しかも、自社株を持てばキャピタルゲインも得られる。こういうメリットを考えれば、転職したときの年収が一時的に下がっても、入りたい人だけを採用すべきだと思う。年収が高くなるなら、容易に人は採用できる。ただ、そういう会社は永久雇用ではない。人材をスカウトするというのは、年収が下がってもやりがいのある仕事がしたい、そんな考えをもつ人材を採用する。一定期間が経てば、当社に来る人材の半分以上が転職時の年収を上回っている」

本当に、日本電産に転職すると、短期的には給料が下がるケースが少なくない。

鳥山はこう解説する。

「金融機関と製造業の違いもありますけれども、製造業同士を比べても、当社より高い給料をもらっている人も見えます。しかし、日本電産なりの基本設計というのはあります。だけど、いろいろな会社からいろいろなレベルの人を採用するわけですから、うちの給与体系にはまりません。『前職と一緒にします』『保証します』という採用は原則ない。日本企業の給与体系は管理職を中心にして、高齢者になるともう上がらず、かえって下がる傾向が強い。役職には、定年がある。本来の定年もある。しかし、日本電産の場合は、五十五歳になっても六十歳を過ぎても、まだまだバリバリ仕事がやれますし、やってもらいます。だからもう少しレンジを引っ張って収入を考えていただいています。ただ、いろいろな能力を持った人をほしいとなるとなかなか難しくて、うちの給与体系にはまらないものをいろいろ調整しながらやっています」

日本電産は通年で中途採用を募集しているが、それだけでは十分な人材が確保できない。だから、積極的に中途採用を仕掛けている。

そのひとつが取引銀行から人材を供給してもらうこと。特に日本電産入社後に課長職以上の役職に就く人材が多い。二〇〇四年三月末現在で、三井住友銀行、東京三菱銀行（現・三菱東京ＵＦＪ銀行）、みずほ銀行、ＵＦＪ銀行（同前）、京都銀行、りそな銀行、滋賀銀行、鳥取銀行からの転職者が五十七名いる（〇八年二月現在、この数は四十五名となっている）。

永守は銀行との取引のシェアを決める場合、日本電産株をどれだけ保有しているかという事実を重視している。このため、取引銀行との間に、「社員を一人派遣したら持株十万株相当」というルールを設け、この面で協力してくれれば、取引シェアにも反映させるというルールを設けている。

こうやって日本電産に送られてくる元銀行マンは、経営企画部や関係会社管理部にしばらく籍を置く。そこで定着する場合もあるが、多くはそこで日本電産の仕事の仕方やポリシーなどを身につけて、関係会社や海外子会社・事業所の経営企画や管理担当の役職者として派遣されていく。

しかし、これだけでは、まだ十分な人材を確保できない。そこで、活用しているのが在職している転職者を使ったルートだ。日本電産には、いろいろなメーカーから人が転職してきている。この実績を活用する。ある会社の人事と日本電産の人事同士のルートや、すでに日本電産に入社している「先輩」を軸にしたルートなど。そういった様々なルートを使って、求人をかける。さらには、経営が大変そうな大手企業に出向き、「人材の受け皿になる」と働きかける。潜在転職者のいそうな企業を当たるのだ。

鳥山は言う。

「そういう企業の場合、転職の可能性のある人材はいるわけです。人材供給のマーケットがあるわけで、スピーディーにマーケットにアプローチして、採用活動をやっていく」

様々な採用活動を積極的に展開し、日本電産の基準にあった転職者を見つけ出そうとしているが、なかなか満足できる人材は見つからない。仮に転職しても脱落していく転職者たちも少なくない。

永守はこんな表現をする。

「カルロス・ゴーンが来る前の日産自動車からの転職者は半分辞めた。トヨタ自動車は現在十一人おるけど、まったく辞めていない。だからきちっとした厳しい会社からの転職者がいいんですよ。銀行は二割は辞めるな。今は先輩が何人もおって、彼らが先にチェックして、打診してから決めるから辞めへんようになった。最近は業績不振にあえいでいる有名なメーカーからもどんどん入っています。ただ、ここはたるんどるわ。十人面接しても採用できるのは一人や。それぐらいレベルが低い。そういう社員が多いとやっぱり会社はああなる。意識が落ちすぎてるね、腐ってますわ。面接のときの質問もね、『一週間に何日休めるか』とかね、そんなんばっかりや。そんな人間あかんで」

日本電産としては経験のある即戦力の人材は喉から手が出るくらいほしいようだが、永守は「ハードワーキング」を楽しむ人材以外は必要ないと思っている。

2　三つの不渡り

◇会社は潰してはいけない

永守は日本電産の創業から三年の間に三回の倒産に直面した。この三回で得た教訓が、その後の経営手法に大きな影響を与えている。特に財務面での基本戦略は、こういった苦い経験から編み出していった。

永守が職業訓練大学校や山科精器時代の仲間と日本電産を創業したのは一九七三年七月。八月には民家の一階部分を間借りした工場を確保し、翌月には京都府亀岡市本梅町に倉庫を兼ねた工場も借りた。

しかし、何の実績も知名度もないモーターメーカーにそう簡単には注文は入ってこない。山科精器時代から取引のあった日本電気精器が発注してくれる磁気ドラム用の小型ACモーターが命綱とも言えるビジネスだった。

全員が営業も開発も製造も担当した。「どんなモーターでも試作します」という熱意だけが武器だった。ほとんどの会社から門前払い同然の扱いを受けたが、なかには注文を出してくれるところもあった。どんなに少量でもどんなに技術的に難しくても、全員が寝食を忘れて顧客の要望に対応した。

そんな創業間もないベンチャー企業特有の悪戦苦闘を続けていた七四年夏。永守は一回目の不渡りに直面する。取引先は大手厨房メーカーの下請けとして台所の換気扇を製造している会社だった。不渡りの額は七百五十万円。日本電産の会社設立初年度である七三年度の売上高は七千万円、経常利益は九百万円だったから、年間の利益が吹っ飛ぶような額の不渡りだったのだ。

ただ、八月には京都の財界が設立した投資育成会社の京都エンタープライズ・デベロップメント（KED）から五百万円の投資を受け、資本金を三千万円に増資したほか、京都府亀岡市に新工場を設立するために調達した資金があったために、どうにか資金繰りをつけることができた。

もちろん、債権者である日本電産の社長として永守はこの会社の債権者集会に出席した。永守はこの倒産から学んだことをこう回想する。

「一回目の不渡りで学んだことは、会社は潰したらいかんということ。会社が倒産し、債権者集会のときに社長がどんなひどい目に遭わされるかということを見たんやね。ああいう状況には絶対にしたらいかんと肝に銘じた」

◇キャッシュフローの大切さを学ぶ

そして永守流経営の基本方針が決まった。

永守は言う。

「受け取った手形は割引しないこと、そして必ず月商の二か月以上のキャッシュ（手元資金）を持つ、という経営の基本方針が決まった。それをずっと守っているからね、今でも。資金繰りの危機には絶対ならない。銀行の言うことなんてわからへん。割引してもらったらいろいろ助けますとよく言うが、そんなんウソや。危なくなったときに銀行は助けません。助けてくれるのはうまくいっているときの話であってね。最後に悪くなってくるともう金も出さん」

「仮に経営不振に陥った場合でも二か月分キャッシュを持っている、もう一つは手形を全部持っている。一流企業の手形やからどこでも割り引いてくれるわね。だから結局金が要らないときでも短期借入で借りておく。借りた金はすぐ返せとは言わへんから手形は持っとる。そういう防御方法を考えた。それ以来銀行の言うことは信用したらいかんと。それも教訓やな。銀行に資金繰りがきついのでお金を貸してくれなんて、ありのまま言うことなんて考えられへん。言うたら必ず資金を回収される。キャッシュ持って、一流手形を持っていたら強い。仮にキャッシュを二か月持って、手形が四か月分あれば、合計で六か月分あるでしょう。これだけあればどうにかなる。その間手を打てる。ところが、急に言われたらアウトや。急に何千万金貸してくれとか言っても貸せへんわ。そうすると会社が潰れてしまう。世の中そんなものや。時間がないから資金繰りできへんわけや。時間があれば資金繰りはできる。資産を売る時間もある。今から入ってくる手形も換金できる。でも、明日充てようと思ってもアウトや。現金と手形がなければ、手持ちの運転資金がなくなる。そしてアウトや」

◇技術の重要性

七四年の十二月には、二回目の不渡りに遭遇する。金額は三百万円である。取引先は兵庫県伊丹市に本社を置く半導体メーカーで、特殊な半導体を使ったブラシレスDCモーター（ホールモーター）を製造していたユニゾンという会社だった。不渡りのきっかけは会社更生法の適用申請だった。

日本電産はこの会社にモーターの機構部分を納入していた。結局、永守はひとつの事業年度で合計一千万円を超える不渡りをつかんでしまった。

しかし、日本電産は成長をめざして新工場の建設途上で、資金需要は旺盛。永守はこのとき、本当に「潰れてしまうかもしれない」と思ったという。小部は当時の状況をこう語る。

「ボーナスどころではない状態でした。そんな状況を見て永守さんのお母さんが餅代と言って、自分の小遣いから、社員にやれって、永守さんに渡したんです。それこそ社員一人当たり何千円という額じゃなかったかなと思います」

年が変わった七五年二月節分の日に米3Mからカセット・デュープリケーター用モーターの大量注文が舞い込み、息をついた。

そして、永守はユニゾンに対して、こんな提案をした。

「債権を全て放棄する代わりに、ユニゾンの技術スタッフを日本電産にほしい」

永守は創業当初からブラシレスDCモーターの事業化を考えていた。しかし、当時の日本電産にはその技術がなかった。そして、後に電子機器部の営業部長兼電子専門担当部長になる鈴木道博などの技術スタッフが七五年七月に日本電産に入社した。それまでの日本電産の商品は各種のAC精密小型モーターしかなかった。しかも、技術だけでなく、当時ユニゾンがブラシレスDCモーターを供給していた顧客も引き受けられた。三百万円という債権と引き換えに、技術スタッフと将来の中核事業に育っていくブラシレスDCモータ

―事業の種も得たのである。

永守は「二回目の不渡りのおかげで、エンジニアが来てくれて、うちの技術力がものすごく高まった」と振り返る。「会社を買収するときにはその会社の持っている技術しか見てない」と言う永守のM&A対象企業選別方法の原点は、この不渡りにある。

◇債権管理の重要性を再認識

「三回目はもっと大きなのくらってね。これは社長が牧師かなんかやっておって。取引先の会社が潰れて、連鎖やな。三回目の不渡りで得た教訓は、そういう中小企業と（取引を）やっとったらあかんと。取引先は倒産の危険性の低い大企業にしなければあかんと、営業戦略を大きく変えた」

当時、東京営業所長を務めていた小部はこう語る。

「まだ会社が小さいですから、どうしても取引先も町工場的なお客さんになります。すぐにビジネスになるのでそれで大きいの（不渡り）をつかんだのです。それをやったのは私と服部（現・取締役営業部門副統轄）。彼が東京に来たときに営業に行って、客先を開拓して、そのビジネスが不渡りになったのです」

この三回目の不渡りが発生した企業を開拓し、担当していた服部は、当時の事情をこう説明する。

「ハンドマッサージ器を作っていた荒川区の会社が取込詐欺にあったんです。経営している人は教会の牧師さんで、そこの信徒が全部社員という教会一族で運営していた会社でした。取込詐欺に遭ったときにすぐに電話をもらいました、いい人だから。こういうひどい目に遭ったと。お客さんは詐欺はしていません。この会社の取引先が架空で注文をとって売りさばいて、金を払わずどろんしたわけです。それで倒産したんです。取込詐欺ですから、要するにどんどん取引数量を増やしたわけですね。結局約一億円の不渡りになりました。当時日本電産の月商は三千万円程度と少なかったですから、これは、社長も会社が潰れるんじゃないかと思ったと言われるほどの不渡りをつかんだわけです」

この会社は入社二年目の服部が通販のカタログを見て、カタログに掲載している商品を展示してある会場に行って、実際に商品を見て、そこに張ってある銘板を頼りに探し当てた顧客だった。ハンドマッサージ器は医療関連機器で、製造するには厚生省（現・厚生労働省）の認可が必要だった。服部は医療機器の製造申請リストを探し出し、この会社を見つけた。

「仏さんのような社員ばかりでした。私の結婚式のときには花のお祝いをもらったりしてすごく仲良くしていましたし、社員の方は恨めなかったですね。モーターの売り上げが足りなかったら、『社長、ちょっとモーターの売り上げが足りないんだけど注文してくれませんか』と言ったら『いいよいいよ』って。実は自分で注文書書いていました。だって帳簿全部見せてくれるんですよ。『服部さん信用しているから』って。原価表や仕入れ値段が全部わかるんです。『自分で注文書書いて、自分で台帳書いておきな』って具合です。でも結局その会社の管理が甘いんです、人がいいだけじゃ生き延びられません」

「不渡りになる前にその会社の社長から電話が入ったんです。『申し訳ない。先にものを持って帰ってくれ』って言うんです。私がワンボックスの車で行ったら、『設備は全部持って帰ってくれ』と。最後は『これも役に立つかもしれないから全部持って帰ってくれ』と。社長さんのゴルフクラブセットもです。『潰れたらもう持ち出せないから』ということで『あなたのところだけには言っておく』って向こうから連絡をもらったんです。九月の連休中で、ちょうど田舎へ帰ってきたときに会社に電話が入り、折り返しで電話したら、そういう状況でした。すぐに飛んで帰りました。持てるだけ持って帰りましたね」

服部はこの会社の仕掛品も持って帰った。すると、その会社がしばらくすると復活した。社長から「全部おたくにある材料を使わせてもらいます」との連絡が入り、服部がワンボックスの車を使って運び出した音響製品の仕掛品、総額二千数百万円は全部売れた。

日本電産はこの不渡りで一挙に資金繰りが悪化した。当時の資本金は三千万円で、被害額はその三倍に達した。

当時、日本電産の月間売上高は四千万円から五千万円程度。この会社とは月間二千万円前後の取引があったから、同社との取引がなくなると、売上高は半分程度に落ち込んでしまう。九千万円という不渡りのほかに、売上高の半分近くを失ってしまったわけだ。

このとき役に立ったのが、一回目の不渡りで決めたキャッシュフローのための基本戦略だった。当座の資金は確保できていたから、どうにか資金繰りがついた。そして、債権管理の重要性を改めて認識し、リスクが大きいと思われる中小規模の取引先との取引から撤退し、大企業中心の営業にシフトしていった。

3　3Q6S事始め

◇多面的な究極の経営改善手法

日本電産の社史を見ると、永守はその創業当初から3Q6S的な考えを経営の基本に据えてきたと書かれている。ただ、実際は日本電産本体の経営や二十三社におよぶ再建を手掛けるなかで、3Q6Sによる経営改善の手法を編み出したというのが正直なところだろう。今ではグループ全社に浸透させることで、高収益企業グループへの道を歩もうとしている。3Q6Sはトップダウンで永守が導入を進めた経営改善手法だが、同時にボトムアップで経営改善を進める手法でもあり、すべての現場の改善を組織全体の改善につなげる手法でもある。

3Qとは「Quality Worker（良い社員）」「Quality Company（良い会社）」「Quality

Products（良い製品）」のこと。この三つのQを実現するための具体的な手法が６Sだ。

６Sとは整理・整頓・清潔・清掃・作法・躾《しつけ》の六つ。「整理（Seiri）」はいつもきっちりと片づけられた職場、「整頓（Seiton）」はいつも全ての物が使いやすい職場、「清潔（Seiketsu）」は身だしなみのさっぱりとした社員、「清掃（Seisou）」はいつも汚れのないすがすがしい職場、「作法（Saho）」は正しい行動ができる社員、「躾（Shitsuke）」は決められたとおり正しく実行できるように習慣づけられる社員。これらの３Q６Sを全社に徹底することで、社員の質を高め、高収益企業グループを実現しようという思いが込められた経営の基本ソフト（OS）だ。

◇きっかけは「禁煙運動」

日本の製造現場の改善運動では５S（整理・整頓・清掃・清潔・躾）が一般的だが、永守は５Sにもうひとつの Sである「作法」を加えた。日本電産が、本格的な全社運動として３Q６Sに取り組み始めたのは一九八六年六月。工場をはじめとする各事業所に「３Q６S委員会」とその事務局を設置し、全社全事業所への徹底化を進めた。

永守が３Q６S活動を始めるきっかけになったのは「禁煙手当て」を導入して社内への普及を図った禁煙運動だという。

永守が社内に禁煙を普及させようと考えたのは、会社に危機を呼び込まないためだった。

「火災の原因の一番はタバコ。工場を含めて会社にとっていちばん怖いのは火事や。火事になったら会社が潰れてしまうと思ってタバコをやめさせた」

日本電産は超精密小型モーターを生産している会社だ。〇・五ミクロン程度と言われているタバコの粒子が製品に付着したら、超精密小型モーターの品質問題になりかねず、致命的なトラブルになりかねない、との判断も働いた。

そこで永守は「禁煙手当て」という報奨金を導入した。八〇年四月のことである。勤務中はもちろん、通勤途上でも、自宅でも禁煙する社員は「禁煙手当申請書」を提出した。月額は二千円の手当てだが、毎年二千円ずつ増額され、最高一万円まで受け取ることができる。ただ、禁煙を破れば、手当てを打ち切られるとともに、それまで受け取っていた禁煙手当ての二倍の額の罰金を支払わなければならないというもの。ただ、吸いたくなったら「喫煙届」を出せばよかった。

禁煙した社員は「禁煙者」というバッジをつける。当時の日本経済新聞を見ると、永守は「どうしてもやめられない人は、屋外で夏はいちばん暑い場所、冬は最も寒い場所で吸わせている」と語っている。アメと鞭をうまく抱き合わせ、普及を進めた。日本電産は今でもこの禁煙手当ての支給を続けている。

◇整理整頓ができている会社は儲かっている

禁煙活動をきっかけに、社内の空気は良くなるし、壁などの汚れもなくなった。タバコを吸うために仕事を中断することも大幅に減り、業務効率もよくなった。当時から永守は納入先はもちろん下請けなど様々な会社や工場に足を運んだ。「儲かっているところと儲かってないところの違いは一体どこか」という視点で視察してみると、あることが歴然としてきた。「整理整頓ができているところは儲かっている」ということである。

当時、すでに大野耐一が生み出した「トヨタ生産システム」などを源流に、製造現場の改善運動の手法として「5S」の重要性が指摘されていた。永守はこれをヒントに独自の手法を編み出していく。自社工場や買収した企業に対して6Sをモノサシにした評価を始めた。毎月、同じモノサシで評価していくと、6Sの評価が高まると月次決算の数値が改善してくることがわかった。

なぜ、6Sが利益に直結、改善するのか。たとえば、整理・整頓ができていると、モノを探す時間が減り、労働時間の質が高まるため、生産性が向上し、収益が改善する。さらには、部品や仕掛品の管理が行き届くため、在庫負担も軽減する。不必要なモノがなくなって作業の段取りも円滑になるため、生産性が向上する。整理・整頓の二つのSだけで、これだけの効果が見込める。六つのSであらゆるムリとムダとムラを排除して、効率的な仕事ができる環境を整えることで、収益力を改善すると言える。

日本電産では品質の維持・向上、生産性の維持・向上、そして安全確保をするために、気持ちのよい、明るい、誇りの持てる職場環境を整備することを6Sの目的に掲げている。物理的には職場環境を改善するのだが、6Sをきちんと行う習慣をつける過程で、仕事に対する意識改革が進む。実はこの意識改革が業務の生産性を飛躍的に高めることにつながる。

◇3Q6Sの伝道師

現在、この3Q6Sによる「経営評価」「業務監査」を実施し、永守の代役としてグループの活動を現場で推進しているのが、3Q6S担当社長付常勤顧問（前監査役）の田村昭治だ。「日本電産で回っていないところと言ったら、アメリカの工場とヨーロッパの販売会社くらい。それら以外はグループ会社を含めてほとんど回りました。この間勘定したら延べ三百三十か所は回りました」という3Q6Sの伝道師、永守が選んだ3Q6Sの使徒だ。

田村は九五年に日本電産が第三者割当増資を引き受け、資本参加したシンポ工業（現・日本電産シンポ）に四十年間勤務していた。開発、技術、製造、品質保証、技術サービスなどモノづくりに関係する部署をくまなく経験し、日本電産が資本参加したときは取締役品質保証部長を務めていた。当時、田村は現場の改善は5Sが基本だと認識し、社内普及に努めていた。しかし、永守が工場を見て回った後に発した言葉は「まったくなっとらん」。これが、田村の3Q6Sとの出会いだった。

永守は当時のことをこう回想する。

「この男はわしの3Q6Sが営業利益に連動するという考え方に真っ向から反対した。そんなばかな話ないと。3Q6Sで業績がよくなるんやったら、技術も何も要らんやないかということを言うとった。しかし、3Q6S活動によってシンポ工業の業績が回復した姿を見て、参りましたと言うてわしの弟子になったんやね」

田村は、毎週シンポ工業の本社工場を訪れる永守から「現場を一緒に回れ」と指示された。永守は工場に足を運ぶたびに、3Q6Sの視点から問題点を指摘し、改善する方策を指導した。田村は約一年間永守に張り付き、永守の考え、視点、3Q6Sの具体的な活動方法などを九六年に一冊のマニュアルにまとめた。シンポ工業で3Q6Sを布教するためのバイブルとでも言うべき活動マニュアルである。

田村の作成したマニュアルを見た永守は「これはいい。日本電産グループ全部に普及させるための道具ができた」と思った。そして、すぐに日本電産グループ用のマニュアルを作成した。九七年一月のことである。マニュアルの「3Q6Sこそが会社の全て」と題した巻頭言を永守はこう締めくくっている。

「全社全グループの社員一人ひとりに読んでもらい、世界一の6Sの徹底した企業集団に変えていく、そして、3Qを画期的に向上させ世界的優良企業の仲間入りを果たしたいと期待するものです。どうかNidecグループの社員の皆さん、じっくりこのマニュアルをお読み頂いて3Q6Sの真髄をからだ全体で理解してもらうこと、そして、そのことをすぐに実行に移していただくことを希望するものです。この運動が大きな成果を上げ、経営結果（利益）をより素晴らしいものに変えていくことにより、皆さんの待遇改善にも大きく寄与するものと信じております」

◇3Q6Sによる業務監査

現在、日本電産は工場や事業所、会社ごとに3Q6Sをモノサシにした業務監査を行っており、百点満点で点数をつける。点数の構成はこうだ。

まず、活動状況。3Q6S活動の事業所や社内への浸透度や定着性、活動の計画性や前進性、安全性から点数をつける。この部分で百点満点の十点を構成する。

そして、「良い社員」「良い会社」「良い製品」の3Qの達成度合いに三十点を配点している。この部分はなかなか客観的には判断しにくいように見えるが、田村はこう表現する。

「どういうことができたら良い人か。私が一言で言っているのは、利益貢献につながる人物、利益貢献につながる仕事ができた人が良い人。良い会社というのは経営トップの基本理念や経営方針が文章化されていること。良い会社というのはこういう条件がそろったところ」
「良い製品とは広く言えば品質保証体制ができているかどうかということです。品質保証に関する業務の遂行時の仕組みがきちっといっているかどうか。市場でクレームが発生したときの要因を調べると、金額的に莫大な損失コストが発生しているのは設計です。お客さんの要求に対して本当にそれが満たされた形で設計に反映されているかどうかという設計品質がポイントです」

残りのうち五十点分が6Sの評価だ。「整理、整頓、清潔、清掃、作法、躾。まず挨拶が基本。礼や会釈が決められた通りにきちんとできているか。顧客の出迎えや見送りもできているか。通路の歩行スピードとかあるいはその姿勢はどうか。細かいことを全部マニュアルで決めている。それがクリアできたらオッケーだ」（田村）。6Sを進めるに当たって、マニュアルには、誰にでもわかるように「目で見る管理」をすること、元の位置に戻しやすくするために「絵姿管理」をすること、誰が使っているのかわかるように「名札管理」をすること、そして、在庫がすぐわかるように「棚札管理」をすることを指導している。礼や会釈は三十度、四十五度などと時と場合によって、体を折る角度を決めてある。

この3Q6Sによる「監査」は基本的には全社共通でかつ一定のモノサシを使うが、実は融通無碍《ゆうづうむげ》でもある。たとえば、日本電産グループに入ったばかりで、3Q6S活動を開始して間もない三協精機と、グループの中でトップの成績を誇る日本電産コパルとは評価のウェートを多少変えるという。

◇経営五大項目プラス二

そして、田村が重要視しているのは、各社の中期経営計画である。日本電産のグループとしての中期経営計画を達成するために、グループ各社がどのような中期計画を策定しているか。また自ら策定した経営計画を実現するためにどのような活動を行っているか。要は3Q6S活動をどのように自社の業績向上に結び付けているかを重点的に評価する。

現在、日本電産グループでは「経営五大項目プラス二」という経営課題の達成を目標にしている。このため、最近の田村の「監査」はこの部分に相当力を入れている。まず品質。不良品率を百万分の五〇以下にすること。次に材料・外注費。これは製品の最終販売価格の五〇％以下が目標だ。三番目は在庫で、原材料から仕掛品、製品を含めて〇・四か月以下。四番目は生産性で、従業員が一人当たり月百万円以上の付加価値を生み出すこと。五大項目の最後は経費。一人当たり付加価値額の二五％以下もしくは売上高一億円当たり五百万円以下を求めている。

これに、売掛金の回収を四十五日以下にすることと、遊休資産の有効活用もしくは売却を強力に進めていくことをプラス二としている。

これらの「経営五大項目プラス二」の評価が百点満点中十点を占める。配点は全体の一割(十点)しかないが、数字以上に重要なポイントだ。

売上高に占める材料費・外注費を五〇%以下に抑えるという目標だが、パソコン向け製品などを中心に製品の販売価格は下がっていく。それを上回るペースでコストを切り下げていかなければ五〇%以下は達成できない。田村はこう指摘する。

「お願いコストダウンは一回は通用するが、二回目からは通用しない。VE(バリュー・エンジニアリング)やVA(バリュー・アナリシス)という面から攻めていかなければいけない」

「まず、製品のつくりを設計段階までさかのぼってもう一回見直す。あるいは部材の共用化、統一化を進め、できるだけ部品点数を減らしていく。これらを並行して実施していかなければコストは下がらない。さらに忘れてならないのが、仕入れ先の指導だ。具体的にムダやムリを指摘し、生産性の改善を支援し、値下げ余地を生み出すことが重要です。そういうことをやらないと、やっぱり業者もついてきません」

◇テンポスバスターズ工場版?

たとえば、こんな経営指導をする。あるグループ企業に注文はどんどん入っているが、生産能力がなく、注文を断っているような状況があった。工場を見に行くと、高い大型の機械一台に一人の工員が張り付いている。しかし、仕事は監視作業。田村が「機械動かしたら、機械が一人で作業するんだから、こんなもの二台も三台も持たせればいいじゃないか」と指摘する。「いや、工場が狭いんです」と。たしかに狭かった。しかし、平地に工場の事務所を置いていた。「こんなもの平地に置く必要はない。二階でやりなさい。空いたスペースに機械を置いたらよろしい」。このような具体的な施策を提示し、現場の改善を促し、生産性を高め、業績を改善させていく。

遊休資産の売却促進に関して田村は、整理・整頓と組み合わせたこういう指導をする。

「当社の工場はショールームにしなければだめだ。遊休資産の展示場にしろ。遊休資産の展示場にすれば、お客さんがパッと来ても、これ使ってあげようかという気になります。写真撮って、お客さんの見えるところに張り出す。もちろん、価格もつけて。どんな設備で、どのような能力があるのか規格なども全部わかるようにしなさい。倉庫じゃだめだ。とにかく、モノを寝かしていたら必ず陳腐化する。陳腐化しないように、まず清掃して防錆してラッピングしてもらう。そうすれば遊休資産の売却の準備は整う。要は展示場の雰囲気に絶対しなければだめだ。もちろん、資産台帳の管理も重要です。資産台帳も持ってきてパパパッとこれとこれとこれと抜き取りをして、三分以内でその資産が出てくるか。三分以内で出たら合格です」

中古の厨房機器の販売で成長したテンポスバスターズの工場設備版を、自社の工場敷地内で「開業」させるわけだ。

新しく日本電産グループに入った会社では、こんな荒療治もした。幹部のひきだしを全部チェックするのだ。そうすると、「まずね、名刺の整理ができてない。名刺は大事な商売道具です。たとえば見積もりを出す場合とか、あるいは業者からいろいろカタログ取るとかいう場合でも、業者の名刺を整理していないといけない。どういうのがどこにあるか、全部インデックスつけてきっちりやらないといけない」と身近なところの整理・整頓をきつく指導される。

「幹部連中の机を見たら大体下ができているかどうかわかる。上がやっていないのに下ができているはずがない、そういう見方をします」

日本電産グループの企業には必ず「3Q6S推進委員会」という委員会があり、グループを統一した形での運動を展開している。この委員会が3Q6Sの「布教」活動の中心的な役割を果たす。そして、田村が定期的に「監査」にやってくる。委員会が計画し、現場がそれを実行し、田村がその結果をチェックし、その評価を委員会および現場にフィードバックする。そして、毎年重点テーマを掲げて、事業所やグループ会社の3Q6Sという運動に揺らぎを与える。その揺らぎによって、3Q6S運動が進化していくスパイラルを描いている。

4　米3M

◇米3Mとの出会い

永守が会社を設立して、成長路線に乗せることができたのはアメリカの企業、特に創業して五か月経つかどうかの時期に3M（スリーエム：ミネソタ・マニュファクチャリング・アンド・マイニング）との出会いがあったからと言って過言ではない。

日本電産の社史は当時の事情をこう書き記している。

「国内での営業活動は思ったほど効果をあげる事ができなかった。設立したばかりの零細メーカーの前に、系列や実績を重視する日本企業の壁が大きく立ちはだかったのだ。（中略）この状況を打開するため、アメリカに営業の活路を求めた。〝自由と平等の国〟アメリカなら、肩書きがなくても製品さえ良ければチャンスを与えてくれるだろうと考えたのである。一九七三年十二月、永守は国内の営業を三人に任せ、単身でアメリカに渡った」

その当時、永守と行動を一緒にした「商社マン」だった市川陽一はこう回想する。

「出来たての会社で社長が二十八歳だし、工場もないし、日本の会社はどこも相手にしてくれなかったんです。ほとんど相手にしてくれなかったです。というわけで、とにかくアメリカに行かなければいけないと、社長と一緒にアメリカに行きました。いろいろなところのつてを使って、ミネソタ州セントポールにある3Mへ行ったんです」

国内での営業が思うような成果が上がらないため、永守は創業時に定めた経営三原則にある「インターナショナルな企業」を目指し、「自由と平等の国」アメリカで顧客開拓することを決めた。永守と市川は3Mが当時製造していたカセットテープを高速でダビングするカセット・デュープリケーター装置の小型化を狙っていることを事前の調査でつかんだ。永守は日本電産製のモーターのサンプルを抱え、七三年十二月にアメリカに渡った。まず、ニューヨークに入り、山科精器時代から付き合いのあった加地貿易の市川と合流し、3Mの購買担当部長を務めていたリー・パスターに会いにセントポールまで行った。

この訪米にはこんな伏線があった。

市川がこう回想する。

「山科精器のころにベル&ハウエルやRCAという会社との取引がありまして、そこがテープレコーダー関係の事業をやっていたんですね。そういった関係で山科精器のころに3Mという会社を見つけ、ある程度の付き合いをしていたんです。永守さんが日本電産を設立したということで、商売の可能性のあるミネソタへ飛んで行きまして、リー・パスターさんを初めて訪問したのです。日本電産は創業当初からQCDSSを大切にしてきました。クオリティ、コスト、デリバリー、サービス、スピード、スペシャライゼーション（顧客の要望を満たした特殊化）です。ただ、それがよくても日本の会社は相手にしてくれなかったわけですよ。ところがアメリカというところはＱＣＤＳＳさえあればパーッと乗ってくれたわけです。３Ｍのリー・パスターさんという方に出会って、突破口が開けたのです。日本電産の恩人の一人だと思います」

渡米した永守は、数少ないチャンスをモノにしようと努力した。

当時、３Ｍはオーディオ・カセットテープを高速でダビングするカセット・デュープリケーターの競争力を高めるために、その小型化を狙っていた。カセット・デュープリケーターの小型化にはより小型の精密モーターが不可欠だった。

永守はカバンの中から、日本から持ってきたサンプルを手に、日本電産製モーターのスペックや機能を詳細に説明した。サンプルを手に取ったパスターは「パワー、スピード、回転ムラ、ノイズ、耐久性などのスペックを落とさずに、このモーターをどこまで小型化できますか」と投げかけた。永守はすかさず「これより三割は小型化できます」。確信はなかったが、直感的に設計などを工夫すればできる可能性があると思ったからだ。

パスターはこう言った。

「永守さん、三割小さくなった製品ができたら、また来てください。楽しみにしていますよ」

◇ガレージショップ

世界に冠たる大企業の3Mの購買担当部長から「好感触」を得た永守は帰国後、遠藤峰世、田辺道夫、小部博志たちと、創業時の工場である桂工場に泊まりこみ、死に物狂いでパスターの要求したスペックに合うモーターの開発に取り組んだ。

当時の日本電産は、命綱である日本電気精器からの注文をこなすだけでなく、新しい顧客の開拓をしなければ、食いつなげないような状況だったから、3M向けの製品開発だけに没頭するわけにはいかなかった。「人の倍働くか」という母親との約束を実践しなければ、生き延びられない状況にあったと言って過言ではない。アメリカでは、創業直後のベンチャー企業を「ガレージショップ」と呼ぶ。自宅のガレージで創業し、そこに寝泊まりしながら夜も寝ずに働いて成長を目指すからだ。まさに、この時期の日本電産は「ガレージショップ」だった。

「性能を落とさず三割小さくします」と公言した試作品ができあがったのは七四年七月のことだった。永守はすぐに試作品を抱えて、再び3Mのパスターに会いに行った。米中西部北緯四五度にあるミネソタ州セントポールは、日本で言えば北海道の稚内と同じ緯度にあり、七月とはいえ日本の初夏を思わせる気候だった。約半年ぶりにミネアポリス空港に降り立った永守は空気が本当に美味しいと思った。

3Mの本社でパスターに会った永守は「パスターさん、お約束の製品を開発しました。

ご覧になってください」と早速カバンからサンプルを取り出した。

日本からサンプルを持参し、取引先にスペックや機能を詳細に説明し、技術的なことはもちろん、価格も納期も即断即決する永守流「新規顧客開拓戦術」の原型はこのころにはすでにできあがっていた。

サンプルを見たパスターは「本当に作ったんだな。すばらしい」と喜んだ。パスターは、永守のスペックに関する話を聞きながら、サンプルを手に取り、撫で回した。「永守さん、このモーターはすばらしい。このモーターを使えば、カセット・デュープリケーターは小型化できる。開発部門とサンプルの性能をチェックして、新製品への採用を検討します」。そして、「永守さん、おめでとう。本当にいい仕事をしたね。すばらしい」と相好を崩した。そして、「このサンプルを開発部門に持ち込んで、実際の製品に組み込むよう働きかけるけど、少なくともとりあえず千個くらいの注文は出さなければならなくなるだろう」と事実上の発注をしてくれた。

そして、「実際に発注するためには、３Ｍの社内ルールとして、製造現場を確認しなければなりません。開発部門と協議して、日本に出張する日程を詰めます。こちらの候補日程は後日連絡します」。

◇「マル秘」作戦

ここから、永守のもうひとつの戦いが始まる。

その当時の日本電産は京都・桂川の堤のそばにある染物工場の一角を借りて、モーターを製造していた。工場の二階には家主の洗濯物がはためき、お世辞にも工場には見えない場所で製品を作っていた。それまでも、何度となく、受注寸前までいって、工場を見た顧客が発注を見送り、苦汁をなめてきた。

永守はアメリカ出張で3M以外にもある大手テープレコーダーメーカーも訪問した。購買部長は永守が持参したサンプルに興味を示した。「発注するために一度工場を見せてほしい」との要請を受け、その購買部長を桂工場に案内した。しかし、工場を見た購買部長は絶句し、商談が成立しなかったことがあった。

今回は、世界に冠たる企業である3Mが顧客候補になってくれた。これを逃したら、二度と同じような好機は訪れないかもしれない。永守はそう思った。

永守は考えた。

「サンプルはきちんと精査してもらっている。品質や性能は条件を満たしている。相手は日本、特に京都に来るのは初めてのはずだ。とにかく、工場を見せずに商売を成立させるしかない」

永守はパスターの来日スケジュールがわかると、超過密な京都見物のスケジュールを立て、朝から晩まで京都三昧をさせた。永守は考えた。「彼らは世界に冠たる3Mの社員といえども普段はアメリカの大いなる田舎、ミネソタ州セントポールで仕事をしている人々である。日本といえば、『KYOTO』『GEISHA』。そのメッカに来て、実際の京都と芸者を見れば、感激して、工場視察も忘れてくれるはずだ」と。結果として永守の悪知恵は奏功し、パスターは桂工場を見ないまま離日した。

永守が持ってきたサンプル、そして、立て板に水を流すような説得性のある生産に関する永守の言葉を信用したのだった。

作戦は大成功だった。帰国したパスターから千個の注文が入った。出荷は六か月後から始め、一年後には当初の発注量の十倍まで引き上げるという。

永守は当時のことをこう回想する。

「ずいぶん高い値段で買ってくれてね。信じられへんと思った。一個当たりの材料費が五百円ぐらいのモーターなんですよね。それを三千円で買ってくれた。人件費なども含めて原価千円ぐらいで二千円は利益やったね。後日談で、3Mに、『あのとき儲かった』という話をすると、『自分とこはもっと儲かった』って、『ええモーター入れてくれた』って。その商品もっと高く売れたからね、『決してあれは高くなかった』って言うてくれたね」

◇新しい戦い

３Ｍからの大量受注は喜びではあったが、顧客開拓とはまったく違う新しい戦いの始まりでもあった。

当時の桂工場は民家の二階建ての一階部分を借りたもので、設備もモーターメーカーとしては最小限のものしか備えていなかった。創業翌月に亀岡市本梅町に土地を借りて、本梅工場と称したが、ここは部品や完成品を保管する倉庫であった。これまでも桂工場以外に、ティアック時代から知っていた長野県飯田市や諏訪市などに点在する外注先を「工場」として活用してきたが、３Ｍの受注をこなすには、桂工場の生産能力だけではまかなえないのは明白だった。

「３Ｍの受注をこなして、これをきっかけに成長するにはどうしても新工場が必要だ」

永守だけでなく、創業の仲間たちは全員そう思っていた。しかし、先立つものはない。土地、建物、設備を含めた新工場の総投資額は一億二千万円を見込んでいた。

当時、永守はベンチャー企業に比較的理解が深いと言われていた京都銀行と京都信用金庫に目をつけ、何度となく融資を頼みに足を運んだ。

京都銀行には当時、中興の祖と言われた栗林四郎頭取、そして京都信金は中小企業に極めて理解の深い榊田喜四夫理事長がいた。この二人は京都の産業構造をいわゆる繊維や観光といった業種からハイテクに変えていくべきだとの先導的な考えを持って、そういう分野に優先的に融資を振り向けていた。

今をときめくオムロンや京セラといった会社は栗林頭取が大変力を入れて育てたと言われている。それを取り巻く下請け企業群や発展途上にあったベンチャー企業などに対しては、榊田理事長率いる京都信金が積極的な支援を続けていた。ところが、むろん担保も何もない日本電産が容易に融資を受けられるわけはなかった。

◇3Mって洋服屋？

永守は考えた。

「3Mが発注してくれたのだから、3Mに信用状（L／C：Letter of Credit）を開設してもらい、それをテコに金融機関からの融資を引き出せばいい」

信用状とは、貿易取引で支払いを要する者（買い手）の信用をその取引銀行が保証し、支払いを受ける者（売り手）あてに発行するもので、いわば「信用保証書」だ。3Mが日本電産に対して発注したモーターの支払いを保証するもので、3Mに納入するたびに、きちんとその代金が支払われることを、相手の銀行が保証してくれているわけだ。

永守は3Mに信用状を開設してもらって、これを持っての銀行回りを始めた。今ではポストイットなどで日本でも有名な3Mだが、当時の日本での知名度は低かった。ある銀行の役員などは「洋服屋がモーターを使うのか」という始末だった。当時、日本で洋服のチェーン店を展開していた同名企業と混同していたのだ。そんな役員を目の前に、永守は工場の必要性を必死に説明し、融資をお願いした。

しかし、銀行はなかなか融資に応じてくれない。そんなとき、この難局を打開してくれたのが、京都に日本で初めて誕生したベンチャーキャピタルとの出会いだった。当時はベンチャーキャピタルという言葉さえ一般的でなかったが、永守はある時、新聞で日本初のベンチャーキャピタルが京都に誕生したことを知り、「しめた、これは使えそうだ」と思った。

このベンチャーキャピタルは京都の財界や金融機関が中心となって資金を出し合って設立した。社名は京都エンタープライズ・デベロプメント（略称ＫＥＤ）、資本金は三億円、社長にはオムロン（当時は立石電機）の創業社長である立石一真が就いていた。立石など京都経済同友会のメンバーらが中心となり、アメリカのベンチャーキャピタルを視察し、「日本にも同じものをつくろう」と設立した投資会社だった。

実は京都は発電所が作られたのも市電が走ったのも日本で初めてという土地柄で、昔から「初めて物語」を好む町であった。

永守は喜び勇んで投資申し込みに行った。永守はＫＥＤをナッパ服姿のままで訪問し、スタッフに会い、事業の将来性や有望性について一時間強説明した。

「何と元気な若者だなぁ」とスタッフは感心した。しかし、「あまりにも規模が小さく、歴史もなさすぎるなぁ」とも言われた。帰り際には「一応審査に回すがあまり期待しないように」と耳打ちされた。永守は「新聞に書いてある趣旨と全く違うではないか」と、憤慨しつつKEDを後にした。

◇立石一真との出会い

その数日後、事態に大きな変化があった。KEDの社長でもあったオムロン創業社長の立石一真から、「面会するから、もう一度来社するように」と連絡が入ったのである。永守は心躍る思いで、今度は一張羅の背広にネクタイを締めてKEDに向かった。

KEDの応接間に通され、緊張しながら待っていた永守の前に、にこやかな表情の立石社長が入って来た。立石は「やあ、永守さん、よく来ましたね」と手を差し出し、握手してくれた。そして、永守は小一時間説明を繰り返した。永守の説明の最中に何度もうなずいてくれた。そして、立石は「よくわかりました。また連絡します」と言ってくれた。

それから数日後、KEDから再び電話があった。

「立石社長が工場を見たいと言っています。いつ訪ねればいいでしょうか」

永守はこの問い合わせにビックリ仰天した。そして、

「ハ、ハイ。いつでも結構です」と回答してしまった。

KEDの電話を切った後、電話の内容を全従業員に伝えると、全員が集まってきて考え

込んでしまった。

「こんなところは工場と言えない。来てもらっても、どこを見てもらい、どこに座ってもらうのか……」

結局、その数日後、立石がスタッフを連れて訪ねてきた。そして三十坪（百平方メートル）足らずの工場を見渡してから、おどおどしている永守に近づいて来た。

「永守さん、立派なものですよ。創業一年でこんなところまで来たのですか」

永守はとっさにこう返した。「夢だけは大きいんです。必ず頑張りますので投資をお願いします」と頭を下げていた。

立石は帰り際には「永守さん、あなたは成功しますよ。一度私の会社へ来なさい。私の創業時の工場の写真を見せてあげますから……」と言ってくれた。

立石を少しでももてなそうと用意しておいたジュースも気さくに立ち飲みし、帰りには車から永守たちに手を振ってくれた。

立石が工場見学に来てから約一か月後の七四年八月、KEDの第二号投資先として日本電産が選ばれ、翌日の京都新聞で大きく報道された。

「KEDの投資先第2号　日本電産に500万円」という横見出しが二本ついた堂々とした記事だった。この記事のおかげで日本電産の名前が一挙に京都の金融機関の間で知れ渡ることとなった。KEDによる五百万円の投資は金額よりもはるかに大きな信用を日本電産に与えてくれた。

◇反骨精神

これを機に金融機関の融資の姿勢は前向きに変わっていった。それでも新工場を建てられるだけの融資を獲得するには、まだまだ数々の困難があった。

融資をお願いに行った京都銀行の支店長が中小企業金融公庫のことを教えてくれた。早速、永守は中小企業金融公庫の京都支店に足を運んだ。当時の京都支店の店頭は役所のような雰囲気だった。

薄暗い入り口を入っていくと、苦虫をかみつぶしたような表情の人がじろりと永守を一瞥した。何しに来たのかという目で見つめていたのだ。

永守は「融資の相談に来ました」と受付に伝えると、その女性が何やら後ろの男性にこそこそと伝え、永守をまた薄暗い小さな間仕切りの部屋に通してくれた。

そこにおもむろに役人風の男性が一人入ってきて、一通りの儀礼的な挨拶を済ますと、ボソボソと質問をして来た。

「担保はありますか」

「ありません」

「それでは融資は難しいですね。それではまた、よく考えて来てください」

永守は仕方なく、その日はこれで帰ってきた。

永守はその後何回となく中小企業金融公庫を訪問するが話は前進しない。この状況を伝えに京都銀行の支店長のところへ出向くと、「中小企業金融公庫が半分の二千五百万円を出してくれれば、京都銀行も同じだけ融資しましょう」と言ってくれた。永守は「これは中小企業金融公庫がお金を出さぬことを知ってのこと。いわば半分は断りだな」と感じた。しかし、永守は「それなら何としてでも中小企業金融公庫を攻略しなければ」と反骨精神に火がついた。

とにかく中小企業金融公庫に日参した。「またあなたか」と言われる始末だった。

「あなた、どうやって返済するの？　あなたの会社の毎月の売上高が四百万円前後なのに、月々の返済が四百万円。返済できませんね」

「工場ができれば、月々の売上高は三千万円は見込めます」

「永守さん、いまや石油ショックでどの会社も大変なのに、どうしておたくだけ注文が増えるんですか？」

「ここに3Mの信用状があります。向こうは来年には注文量を十倍にするって言っているんです。売上高が増える裏付けがあるのです」

融資をしてもらいたい永守と安全性の面から融資先を厳しくチェックする公庫とのせめぎあいが続いたが、ついに二千五百万円の融資をしてもらえることになった。目標額には及ばないが、「これで五千万円確保できる」と思った。永守は喜び勇んで京都銀行の支店長のところへ行った。

ところが支店長は会うなり、「信じられませんなぁ」と一言漏らした。『中小企業金融公庫は出すはずがない。この男との一件はすでに落着と考えていたら、しぶとく交渉してOKをもらってきてしまった。困ったことになった』という雰囲気だった。支店長は「本店の審査役に書類を回し、審査してもらいます。後日ご連絡を差し上げます」と事務的に言った。

◇融資を引き出した抜群の交渉力

永守は連絡を待った。その後、支店から連絡がきた。早速その支店に出向き、支店長に会った。支店長の言葉は、「自分は一生懸命努力したが本店の審査役が納得せず、申し訳ないが駄目でした」。

永守は「何を言っているのか。あなたは中小企業金融公庫の融資が得られれば、それと同額を融資してくれると言ったではないか」。

「本店の審査役が通してくれなければ、どうにもなりません。私の権限で融資はできないのです」

永守は腹が立ち、その席を蹴って出た。支店を後にすると京都銀行本店へ向かった。

荘厳な建物の京都銀行本店に入り、受付で、「面会の約束はしていないが、融資の件で審査役のAさんに会わせていただきたい」と伝えた。

審査役は会ってくれた。そして、永守が「中小企業金融公庫がOKしてくれているのに、なぜ駄目なのか」と問いつめた。すると、その審査役は「そんな書類は何ひとつ私のところへ上がってきていません」。

永守は切れた。再び支店に戻って支店長を見つけるやいなや、他の客にも聞こえるような大声で「なぜウソをつくのか」と迫った。あわてた支店長はすぐに、永守を応接間に通し、そこで自らの非を認め、融資を前向きに進めることを約束した。こうして、永守は京都銀行からも二千五百万円の融資を引き出した。

そして、中小企業金融公庫の融資が決まったおかげで、京都信用金庫からも千二百万円の融資を受けられることになった。

しかも、永守は中小企業金融公庫と京都銀行に、融資を一年間据え置いてもらう交渉も成立させた。実際に借入金を返済するまでに一年間の猶予をつくり、資金繰りが切迫しないための手を打ったのだった。

これで3Mからの大量受注をこなすための、念願の新工場を建設する資金のメドがついた。

日本電産は七四年九月、京都府亀岡市宮前町で新工場の建設に着手した。国道三七二号線に近く、京都、大阪、神戸のいずれの大都市からも交通のアクセスがいいことが立地の決め手になった。敷地面積は二千九百六十五平方メートル。工場は延べ床面積七百十平方メートルの平屋立てで、桂工場の六倍の広さがあった。投資総額は土地代、建設費、設備費を含めて七千二百万円。

工場の完成は七五年二月。永守は桂工場と本梅工場を閉鎖し、技術開発部門と製造部門を全て新設の亀岡工場に移転させた。地元の主婦によるパートタイマーを含めて従業員約三十人が働く工場が稼働し、3Mから受注したカセット・デュープリケーター用小型ACモーターなどを生産した。

5　はじめてのM&A

◇押しの一手で格上と合弁

永守が手がけたM&A（企業の合併・買収）第一号は、一九八四年に買収したアメリカの企業だった。相手は日本電産が川下事業を強化する狙いで、創業直後から業務提携のラブコールを送り、丸三年かけて日本での合弁会社設立にこぎつけたパートナー企業。創業当初は雲の上のような存在だったが、向こうから「経営を引き受けてくれ」と頼まれる存在に認知された。

創業当初、永守や小部があちこちの企業にモーターを売り込みに行くと、「日本電産はファンを扱っていないのか」という質問をよく受けた。電子機器や電子部品などの発熱を外部に逃す「換気扇」だ。モーター事業を大きくし、企業そのものも成長させるためには、モーターを必ず使用する付加価値の高い川下製品が必要だった。

永守はファンに目をつけた。ところが、ファンには流体力学の技術が不可欠で、主力メーカーは欧米企業だった。アメリカにはファンの大手メーカーが三社あったが、そのなかの二社はすでに別の日本企業と提携していた。残っていたのが最大手のトリンだった。トリンは一八八五年に設立された機械メーカーで、北米、南米、欧州、豪州に生産拠点を持つ国際企業だった。

永守はトリン向けにファン用モーターを輸出し始めた七五年ころから、アメリカに出張するたびに、トリンのスティルマン会長をはじめとする経営幹部に会い、日本での合弁会社設立を働きかけた。トリンも日本を有力市場と位置付けており、大手電機メーカーとの提携や単独進出を進めようとしたことがあったが、実現していなかった。しかし、その当時の日本電産はまだ従業員三十人あまりの企業で、会社の格が違った。

永守は考えた。

「ファンモーター事業はどうしても大きくしたい。しかし、うちにはファンの技術がない。トリンの力を利用して、ファン事業に参入するしかない」

永守はトリンを訪れるたびに熱烈に迫った。後に、永守はこう語っている。

「力のない企業が成長するためには、アイ・ラブ・ユーの企業恋愛、すなわち共同事業化を働きかけるしかない。あの時は、押しの一手やった」

最初の「告白」から約三年たった七八年八月の取締役会で、日本での合弁会社「日本電産トリン株式会社設立の件」を取締役会で承認し、同年十一月会社を設立した。日本電産のモーター技術とトリンのファン技術を融合させ、日本市場向けの小型軸流ファンの製造・販売と輸入販売を手掛ける体制が整った。

◇相手幹部が買収を打診

ところが、八二年になると、トリンがアメリカのセラミック製品メーカー、クリーブパックという会社に買収されてしまった。クリーブパック社が買収した後のトリンは、精密ファン部門という一部門になってしまった。買収前あたりからトリンの業績は悪化し始めていた。セラミック製品メーカーであるクリーブパックがなぜ、精密ファンメーカーを買収したのか。永守とともに、この買収交渉に関与した市川陽一が当時の事情をこう語る。

「クリーブパックがトリンを買収したのは、とにかく買って、高く売りつけようということだったようです。当時の経営者にファン事業を運営する気持ちは全然なかったですね」。

クリープパックはトリンを買い叩き、転売しようと考えていた。

八三年夏、クリープパック精密ファン事業部門の複数の中堅幹部が京都までやってきた。

「永守さん、クリープパックはファン事業をやめようと考え始めている。このままでは百年の伝統がある名門企業が消えてしまう。経営を引き受けてくれないだろうか」

来日した経営幹部から精密ファン事業の現状を聞き、旧トリンの財務状況などを調べてみると、日本電産流の経営を導入すれば、黒字化できる感じだった。

市川は当時の事情をこう解説する。

「ファンというのは我々の将来にとって非常に重要でした。クリープパックが買収する前のトリンのトップ連中と付き合って、非常に近しかったですから、相手としても日本電産が買収してくれればいいんじゃないかと思っていましたね。日本電産だったら買収しても転売することは絶対しませんし、伝統あるファンの事業を継続してくれる。トップマネジメントもそのまま残れる。旧トリンの幹部とはお互いの利害が合致していました」

◇タフな買収交渉

永守は即座にクリープパックの会長であるブロンフマンのアポイントを取り、同社の本社があるニューヨークに飛んだ。

「ブロンフマンさん、あなたはファン事業から撤退することを検討しているようだが、私に売ってくれませんか」

これが約半年におよぶ買収交渉の始まりだった。

「売却価格は一千万ドル」

クリーブパックの交渉担当者はこうふっかけてきた。当時の為替レートは一ドル＝二五〇円くらいだった。円換算すると二十五億円。当時の日本電産の資本金は一億円、売上高は四十一億円（八三年三月期）だった。永守はこの買収交渉および仲介役に取引銀行である東京銀行（現・三菱東京ＵＦＪ銀行）を指名していた。東京銀行の現地の担当者は「永守さん、あれは常套手段です。まず、高値をふっかけて、金額交渉の水準を引き上げておくのです」と教えてくれた。

永守が買収価格を引き下げるために、「赤字を垂れ流しているのに、そんなに高い価格で買うわけにはいかない」と値下げを迫ると、相手はドーンと机をたたき、圧力をかけてくる。

ある時期、アメリカでは「日本人との交渉はこん棒を持って臨め」と言われていた。日本人との交渉にはこん棒程度でもいいから武器を引っさげて、圧力をかけていけば、アメリカ側のペースで交渉が進むというわけだ。あるときには怒った表情で、席を蹴って部屋を出て行ってしまった。これも交渉の常套手段のひとつ。ほどなくすると別の交渉チームの人間がやってきて、状況打開の新しい提案をする。「我々は大きく譲歩しているんだ」という姿勢を相手に見せつけ、それ以上の値下げ余地がないことを伝えてくる。永守は毎月のようにアメリカに出張し、こんな交渉を続けた。

実はちょうどこの時期、日本電産は将来の円高を見据えて、シンガポールに新工場を建設する構想も進めていた。しかし、当時の日本電産に二兎を追える余裕はなかった。永守は小型軸流ファンの技術だけでなく、巨大市場であるアメリカの営業ネットワークも手中に収められる旧トリンの買収に賭けた。

粘り強く交渉を続けた結果、買収価格は四百八十万ドルまで下がった。日本円で約十二億円。永守は「この価格なら今のうちでも買収できる。旧トリンの売上高は一千万ドルを超えている。うちの技術と向こうの技術を融合した新製品を投入し、経営を改善すれば、回収するまでにそんなに長くはかからない」と頭の中で計算した。交渉成立である。

八四年二月十二日、旧トリンの買収契約を締結した。

◇経営の本質は洋の東西を問わず

永守はクリーブパックの一部門になってしまった旧トリンの事業を引き継ぐために、コネティカット州トリントンに資本金二百万ドル（約四億五千万円）でニデックトリン・コーポレーションを設立した。クリーブパックが抱えていたファン事業に関するすべての工場、従業員、営業ネットワークと顧客を引き受けた。永守は会長に就任し、社長には旧トリンで技術・管理部門を担当していた副社長のリチャード・レスコーを任命した。

永守はこのニデックトリンを、アメリカで事業展開をする中核会社に位置付けた。買収から三か月後の五月には、資本金を三百万ドルに増資し、九月にはアメリカの小型モーターの販売子会社である米国日本電産を吸収合併した。買収した伝統ある会社の販売網を活用して、中核事業である小型モーターのアメリカでの営業力を強化した。時間をかけずに技術も営業網も一気に取得できたのだ。

同時に、日本電産流の経営も導入した。3Q6Sの原点である「工場をきれいにする」「経営陣は社員より朝早く出社する」「従業員の出勤率を高める」など百項目を超える改善項目の実施を迫った。財務・総務担当副社長のトーマス・キーナンは「日本とアメリカは文化が違い、永守さんの要求する改善項目の多くは受け入れられない」と抵抗した。永守はキーナンとレスコーを「優良企業になるための合理的な方法は洋の東西を問わない」と根気よく説得した。

ニデックトリンの八四年度の売上高は約千五百万ドルだったが、翌年あたりから日本電産とトリンの技術の融合が現実のものになってきた。永守からの百項目を超える要請を受け入れ、社内に浸透させる指揮を執った副社長のキーナンは八六年一月に社長に昇格した。その年には米IBMから「八五年における素晴らしい品質の製品の納入を認め、表彰する」との表彰も受けた。八六年度には売上高は三千五百万ドルに膨らみ、営業損益は黒字化した。日本電産製のブラシレスモーターを使った小型ファンなどのファンの新製品、そして、旧米国日本電産が輸入・販売していた日本からの小型モーターの売れ行きが大きく伸びたのだった。

旧トリン買収の遠因となった日本国内の合弁会社日本電産トリンは、八五年六月に解散。ニデックトリン・コーポレーションは八七年二月、ニデック・コーポレーションに社名を変更した。現在のアメリカの中核子会社ニデック・アメリカ・コーポレーションである。

6　国内M&A第一号

◇厳しい時期こそチャンス

永守の国内M&A第一号は、八九年に買収した電源機器メーカーのデーシーパックという会社だった。当時のモーター業界は円高、異業種からの参入、そしてNIES（新興工業経済群）諸国の台頭などで競争が激化していた。永守は「厳しい時期こそが千載一遇のチャンス。努力を重ねた企業とそれを怠った企業の差はどんどん広がる。過去の繁栄や経験に頼る製品開発や経営から脱皮して、新しい市場や新しい仕事にチャレンジすることが求められている」とモーター事業に関連した事業の多角化を模索した。

そのとき、永守のところに舞い込んできたのが、取引先であるデーシーパックへの出資話だった。デーシーパックはスイッチングレギュレーターやACアダプター、充電器などを製造する企業で、当時の売上高は三十七億円強。ただ、電源装置業界でもモーター業界と同様の競争が起こっており、同社の業績は円高を契機に急速に悪化していた。日本電産から見ると、電源装置の熱を逃すための精密小型ファンなどを供給する製品の販売先でもあった。

日本電産は一九八九年一月、デーシーパックが発行した第三者割当増資の株式十四万二千株、総額七千百万円を引き受け、傘下に収めた。永守はこう述懐する。

「あれはうちの客先やったわけや。ごっつい量のファンを売っとったわけね。あの買収は一種の債権管理という面もあった」

多くの債権を抱えている先に出資し、自らの手で経営を立て直すとともに、事業の多角化も進めようとしたわけだ。

そして、第三者割当増資を引き受け、出資比率約七五％の筆頭株主になった日本電産は、その六か月後にデーシーパックの社名を茨城日本電産と変更した。デーシーパックは東京都板橋区に本社を置いていたが、同社の茨城工場を本社・工場とする企業に衣替えさせたのである。

電源機器事業に目をつけた永守はアメリカでも米国日本電産を使って電源機器メーカーを買収した。電子部品メーカーであるユニトロードの子会社で電源装置の中堅メーカーであったパワーゼネラルである。パワーゼネラルは買収後に日本電産のアメリカにおける戦略子会社で事業統括機能を与えている米国日本電産に吸収し、米国日本電産パワーゼネラル事業部に衣替えさせた。

九三年十月には中堅電源機器メーカーの真坂電子を買収し、茨城日本電産と合併させ、日本電産パワーゼネラルを設立した。真坂電子は七八年に設立された電源機器メーカーで、ソニーからの受託生産が主力事業だった。

◇電源事業からの撤退

しかし、電源事業ではアジア勢がどんどん勢力を伸ばし、日本はもちろんアメリカのパワーゼネラル事業も厳しい競争環境に巻き込まれていった。もちろん、進む円高も、これに追い討ちをかけた。

一ドル＝一〇〇円を大きく割り込むような円高に見舞われていた九七年春、台湾の大手電源装置メーカーであるポトランス・エレクトリカルから永守のもとに資本・業務提携の打診が舞い込んだ。ポトランスは七六年の創業以来電源機器の専業メーカーとして業容を拡大し、生産拠点は台湾と中国に三工場ずつ、欧米アジアに開発拠点と販売・サービス拠点を持っていた。日を追うごとに状況が厳しくなる電源機器事業を見て、永守は決断した。

「電源機器への投資回収も債権管理も、もう充分おつりはもらった。うちの本業はモーターや。この急激な円高を克服して成長するには技術の蓄積のあるモーターに経営資源を集中させるしかない」

そして、同年十月、永守はポトランスと資本・業務提携に踏み切り、日本電産ポトランスを設立した。

当初は電源機器の開発・設計をポトランスが担当し、量産機種をポトランスの中国工場が担当し、茨城日本電産は試作や少量品の生産を受け持った。販売は日本国内が日本電産、海外はポトランスと日本電産がそれぞれの得意分野に販売することになった。

しかし、日本電産の経営哲学や経営手法とポトランスの経営の考え方の食い違いが表面化してくる。永守は世紀が替わる前から、二十一世紀の日本電産のあるべき姿を思い描いていた。日本電産の事業戦略の基本は「回るものと動くもの」を中核とする。そして目指すは「総合駆動技術の世界ナンバーワンメーカー」。

二十世紀から二十一世紀に替わった二〇〇一年、永守は電源事業からの撤退を決めた。九月には国内の電源事業部門はニプロンに営業譲渡し、二〇〇二年になるとアメリカの電源事業も米オールト・インコーポレーテッドに譲渡し、電源事業から完全に撤退した。

7 「永守流」象徴する信濃特機のM&A

◇スピンドルモーター

永守が行った三協精機までの二十三社のM&Aのなかで、忘れてならないのは信濃特機だろう。それまでの競争相手を傘下に収めたという点で相似点がある。

日本電産は七八年に八インチHDD（ハードディスクドライブ）用スピンドルモーターの開発に着手した。米コントロールデータ社からは新しいタイプの磁気記憶装置のモーターの開発を打診された。当時も永守は、自らサンプルをカバンに詰め込んで、アメリカ企業への売り込みを欠かさなかった。そこで、新しい需要、後に日本電産の成長の原動力となるHDD用モーターの兆しをつかんだのだ。

HDDは当時リジッド・ディスク装置（RDD）とも呼ばれており、磁性体を塗布したアルミニウムなどの曲がりにくい円盤（ディスク）を記録媒体として使う記憶装置で、七三年にIBMが開発した「IBM3340」が、その後のHDDの原型になった。それまでの磁気記憶装置は円筒型の記憶メディアを使う磁気ドラム式が主流だったが、HDDの登場で、主役が入れ替わっていった。

このころ、日本の大手コンピューターメーカーもHDDの開発に取り組んでいた。ほとんどの方式はベルトドライブ方式だった。これは円盤を特定の精密回転軸（スピンドル）に固定し、その横に設置したACモーターからベルトを使って回転運動を伝える仕組みだ。大型コンピューターの記憶装置として使い始めていた。ところが、コントロールデータが打診してきた方式は、スピンドルとモーターを一体化し、モーターで直接ディスクを回転させる方式（スピンドルモーター）だった。この方式が実現できれば、HDDが小型化できる。しかし、磁気ディスクの読み取り幅はレコードの溝の十分の一以下。ベルトドライブ方式ならば、ベルトで振動を吸収できるし、回転数もそんなに速くなくて済む。ところが、直接ディスクを回転させるには、ベルトドライブ方式に使用するモーターとは桁違いの精度と回転速度が求められる。

◇マーケティング力で大きな格差

日本電産の取引先であったユニゾンから七五年に移籍し、電子機器部電子専門担当部長に就いていた鈴木道博が開発を担当していたのはブラシレスDCモーターだった。

鈴木たち開発スタッフは軍用ヘリコプターに搭載する機器のモーター技術を参考に、ハードディスクを直接回転させるダイレクトドライブ方式のモーター（スピンドルモーター）のサンプルを開発した。

永守がコントロールデータから開発話を持って帰ってから約半年で第一号のサンプルを

完成させ、コントロールデータにサンプルを持ち込んだ。担当者の反応は悪くなかったが、最終的には採用に至らなかった。しかし、後にこのHDD用スピンドルモーターのサンプルが日本電産の高成長の原動力となっていく。

このとき、日本電産と同様にHDD用スピンドルモーターの開発を手掛けていたメーカーはいくつもあった。しかし、八〇年代を通じた新製品開発と価格の競争に打ち勝って、世界市場を相手に生き残っていったのは開発で先行したドイツ（当時は西独）のパプストと日本電産、そしてティアックの子会社である信濃特機だった。

日本電産は米シーゲートとNECを主要顧客としてHDD用スピンドルモーター事業を拡大させていった。日本電産と信濃特機は抜きつ抜かれつのシェア争いを繰り広げた。

しかし、一九八五年九月ニューヨークのプラザホテルで開催された米、日、独、仏、英五か国蔵相・中央銀行総裁会議で合意したドル高を是正するために協調介入する声明（プラザ合意）をきっかけにした急激な円高によって、信濃特機の経営状態が急速に悪化していった。HDDスピンドルモーターの普及初期段階では先行していたパプストも、品質・開発競争が激しくなるなか、徐々に競争力を落としていった。

HDD用スピンドルモーターの売上高を見ると、八三年は日本電産が約六十二億円、信濃特機は約八十八億円だった。これが翌年の八四年には日本電産が九十六億円強、信濃特機は六十八億円弱と逆転した。

当時、国内のHDDスピンドルモーターの営業を担当していた服部誠一は、こう語る。

「当時は国内のメーカーが何社もHDD用モーターに参入しようと試みたのですが、最終的には日本電産と信濃特機でシェア九五％、残りがパプストというぐらいまで来ていたんです。最後は信濃特機と一騎討ちで抜きつ抜かれつ。半々ぐらいに来たんです、あるところまでは。ところが、一般的に企業が成長する際のひとつの壁と言われるものに百億円の壁がある。日本電産は全然ぶち当たらず突破したんですが、信濃特機は結果的に九十億円ぐらいで、壁にぶち当たってしまった」

「なぜ、日本電産が信濃特機に勝ったか。技術的にはそんなに差がなかったんです。勝負の差は販売ルートにあったのです。信濃特機は商社を使って販売していました。販売は専門家にまかせ、自社は技術力で勝負ということだったのでしょう。しかし、我々はすべて顧客に直接販売（直販）していました。海外もニデック・アメリカを通じて全部直販。直販と商社販売の差が分かれ目だったと思います。直販をする過程で、顧客のニーズをきちんと反映させ、容易には代替できない製品を開発する。どうしても日本電産製モーターを使わないと製品ができない。そういう体制を築いていたのです。開発担当には『こんなもの作ったことない』ってさんざん言われましたけどね」

日本電産は、技術力の差ではなくマーケティング力の差で厳しい戦いを勝ち抜いた。永守が創業以来最重要視し、厳しいくらいに鍛えてきた営業力がこの戦いで生きたのだ。

◇ティアックと信濃特機

信濃特機は八五年三月期から赤字に陥り、八六年秋にティアックの支援を仰いだ。八七年三月期に債務超過に陥ったため、ティアックは八八年の八月と九月に増資を引き受け、資本を増強した後、八九年三月にそれまでの累積損失を一掃するための減資を行った。ティアックは人材も資金も投入して、必死に信濃特機のテコ入れを試みたが、思うような成果は上がらなかった。そして、親会社のティアックも急激な円高で経営が厳しくなっており、赤字が続いている生産子会社を抱えていられなくなっていた。

このころ、ティアックだけでなく、HDD用スピンドルモーター市場に参入していた企業が次々と脱落していった。八八年になるとパプストが撤退。国内では安川電機、ソニー、日本サーボ、富士電機が相次いで退いていった。各社とも急激な円高、低価格競争、開発競争に疲弊していたのだった。

八七年に信濃特機が債務超過に陥ったころ、親会社のティアックは信濃特機の売却を検討し始めた。いくつかの売却先が浮上したが、本命はミネベアだったという。当時、信濃特機の社長を務めていた實川卓次は、日本電産の社史(二〇〇三年発行)の中で、こう述懐している。

「ミネベアのタイにあるバンパイン工場を三日間かけて調査しました。ミネベアの設備と信濃特機の技術をもってすれば、市場で十分に戦えるとの自信を持ちましたが、当時のミネベアの信濃特機に対する評価額が極めて厳しく、結局この話は破談になりました」

實川は「評価額が厳しく」と述べているが、実際に厳しかったのは金額ではなく、従業員の扱いなどその他の条件だった。

◇一人も切らずに再建してみせる

永守は当時の状況をこう語っている(日経金融新聞、八八年十二月八日付)。

「当社の買収提示金額は約三億円。ただ、ティアックは当初、ミネベアからその倍以上の額のオファーを受け、話が決まりかけていたようだ。ティアックは日本電産を創業する前に世話になった会社でもある。昔の従業員に子会社を売り渡すことに複雑な気持ちもあったかもしれない。しかしシェアの飛躍的な拡大には、信濃特機の買収が避けて通れなかった。元従業員の立場を逆に生かそうと、当時のティアックの谷勝馬社長の自宅に電話をかけた」

永守はティアックに三年間勤務していた当時、直属の上司とは年がら年中衝突していたが、谷勝馬にはかわいがられていた。もちろん、その奥さんもよく知っていた。

「谷社長は留守で、電話に出たのは奥さん。『信濃特機の従業員のクビを切らずに再建してみせる。ミネベアならそうはいかないだろう。オファーの額だけで選ぶのですか』と奥さんに訴えた。奥さんも困ったかもしれないが、そこは元従業員という関係を大事にするのが日本的風土だ。谷社長はオファー額で劣る当社への売却を決意してくれた」

しかし、この買収は独占禁止法に抵触する恐れがあった。買収が成立すれば日本電産がHDD用スピンドルモーターのシェアを約九割握ることになる。しかし、公正取引委員会は経営危機に陥っていた信濃特機の救済につながるため、この買収を承認した。日本電産は八九年五月二十二日、信濃特機の全発行済み株式を買い取り、一〇〇％子会社にした。そして、永守は谷との約束を守り、人員整理せずに再建。九一年には長野日本電産と社名を変更した。

ただ、その後は日本電産グループの海外生産シフトに伴って、同社は九七年四月に日本電産本体に吸収合併され、長野技術開発センターになった。

HDD用スピンドルモーターの開発から試作、そして生産まで手掛けてきたが、開発のスピード化と高度化が求められる時代になり、設計と開発に特化することになった。長野日本電産が手掛けていたHDD用スピンドルモーターの生産は、タイ日本電産、フィリピン日本電産に移管された。

第4部
素顔の永守重信

二〇〇三年に完成した日本電産本社

1　人間・永守重信

◇ゲンかつぎ

「元旦の午前中を除いて、三百六十五日働いている。夏休みはない。朝六時五十分には一番乗りで会社に出勤し、夜は九時や十時まで働くのは当たり前だ」という超仕事人間の永守重信は、痛みや感情を敏感に感じ、他人の目を非常に気にする人間であり、古くからの言い伝えや縁起をかつぐ京都人である。

暦などに使われる九星によると、永守は「二黒土星」。この星を持つ人の質は豊かな実りを育む土と言われ、元来粘り強さや忍耐強さを備えているとされる。日本電産のコーポレートカラーは緑。そして、永守は常に緑色のネクタイを締める。これは二黒土星の自分の質へのこだわりであり、ある意味、世の中の言い伝えを取り入れることで、人生のリスクを最小化しようという意味があるようだ。

永守はこの「二黒土星」についてこう語る。

「土には必ず緑が必要なんです。土をそのまま置いておくと腐るでしょう。そこに種を植えるといろいろ出てくる。そうすると土が生きる。だから緑をつける。そして、緑にとって何が必要かというと太陽です。だから机は必ず南向きか東向き。どこへ行っても全部方角を南向きか東向きに座る」

大学時代は机にかじりついていたことから「カマボコ」というあだ名がついたが、社会人になってからは、必ず太陽に向かって座っていたので「ひまわり君」と呼ばれた。日本電産・京都本社ビルの一階のロビーにはひまわりの絵を飾ってある。これも「社会に出てすぐの若いときは『ひまわり君』と言われていたから。そういうことには固執する」。

永守の人生に大きな影響を与えた母親が、いつも方位を見ており、知らず知らずのうちに親しみ、「昔からこういうの好きやから」というくらいになった。座るときだけでなく寝るときも必ず南向きか東向きにしか寝ないという。ただ、夫人は「北枕が健康に一番いい。北には磁石があって体にもいい」とのことで、「うちでは家内は北向き、わしは南向きに寝とる」。今でも執務机の上には暦を置き、日柄も大事にしている。

九星に象徴されるように、永守はゲンをかつぐ。四二とか四九という数字は避ける。なるべく四と九という数字は使わない。日本電産のビジョンや社是を表す言葉も三大精神であったり、七カ条であったりする。

日本電産の揺籃期の工場は必ずお墓の横に建設した。峰山工場も亀岡工場もお墓の横だ。永守はこう言う。

「昔から墓場の横は栄えるって母親から教えられた。墓というのはその地域の中で一番いいところにあるんです。墓場の横はものすごくゲンがいい。京都を見なさい。高島屋とかみんな墓場の横ですよ。墓場の横は栄える」

◇九頭竜大社

永守は日本電産を創業した後のある時期から、比叡山のふもとである京都市左京区八瀬にあり、弁財天をお祭りしている九頭竜大社に毎月通うようになった。商売繁盛や開運など、様々なご利益があると言われている。

永守が九頭竜大社に出会ったのは、創業直後の七四年の十二月に二度目の大きな不渡りをくらってしまった時だ。この時、日本電産は将来の需要を見込んで、新工場を建設するなど資金需要が旺盛だった。しかし、実際の受注は思い通りには伸びず、資金繰りに走り回る日々が続いていた。永守は本当に会社が潰れてしまうかもしれないと思い悩み、ひとり京都・鴨川の河畔をさまよい歩いたこともあった。

そんな日々が続いていたとき、知り合いが「八瀬の九頭竜さんの教祖さんに聞くといい」と教えてくれた。永守はわらをもすがる思いで、行ってみた。すると、教祖さまは「来年の節分のころに運命が動く。それまで頑張りなさい」とのご託宣をくれた。

社員に支払うボーナスもなかった年末を乗り越え、一月もどうにかしのぎ、ご託宣にあった節分を迎えた。すると、その夜、米3Mからカセット・デュープリケーター用モーターの大量発注が舞い込んだ。

以来、「九頭竜さん」に毎月通うようになった。神頼みの経営をしているわけではない。ただ、神仏はどこかに存在していると確信している。永守はこう言う。「決して神様に頼みごとはしない。今から自分のやることへの決意を神の前で述べ、気を引き締めている」。

◇健康管理

「日曜日にサザエさんの主題歌が聞こえたら、楽しくなるようでなければ社長は務まらない」というほどの仕事好きの永守は、母親との約束である「人の倍働く」ために、健康管理には人一倍気を遣う。

タバコは体に悪いからと、これまでの人生で吸ったことがない。「若いころは浴びるほど酒を飲んだ」というが、四十五歳のときにやめた。医者に「もっと働くためには何をすればいいか」と聞いたところ、「お酒をやめることです」と言われたのをきっかけに断酒した。永守が好きだったお酒はビール。「僕はビール党やったけど、ビール飲むと、バカバカ食うでしょう。ビールをやめただけで食べる量が半分に減った」。今では、食事のときに一本だけ飲むノンアルコールビールが唯一の楽しみだ。

そして、健康管理のひとつのバロメーターとして「体重七十キログラムを目安にして、七十二キロになると食事を減らす。六十八キロになると食事を増やす」という。永守の身長は百七十五センチメートル。肥満度を計るひとつの指標であるＢＭＩ（ボディー・マス・インデックス）でみると、七十キロのときの肥満指数は二二・八六で、肥満度は三・八八％。六十八キロでは肥満指数は二二・二で、肥満度は〇・九二％。七十二キロだと二三・五一で、肥満度は六・八五％。ＢＭＩは二〇以上二四未満が「正常」とされているから、正常の範囲内で管理している。

最近、食後に必ず服用しているのがクロレラの錠剤だ。「食事をすると体が酸性になるから、クロレラを摂って中和する」という。永守は言う。

「母親は九十四歳まで生きたわね。私は百歳まで生きる」

◇経営者としての結婚観

奥田末次郎とタミの末っ子として生まれた永守は結婚する前に、遠縁にあたる永守家の養子になった。永守家はかつて京都の名門家で、母親の従兄弟の関係の娘さんの嫁ぎ先であった。そこに法律上は実子と同じ扱いをした養子に入れることを知った母親タミは涙を流して喜んだという。

奥田家は兄弟六人で、男は四人。当時、農家では家を継ぐのは長男で、他の男は養子に出したり、他の仕事につかせることが多かった。長男以外を養子に出すということは、分家をする必要がなく、そのために土地を売る必要もない。本家の安定につながるのだ。

そして、二十五歳のとき、永守家の長女であった永守壽美子と結婚する。養子に入った先の娘さんと結婚したのだ。永守は当時のことをこう告白する。

「遠い親戚だから、親戚同士としてつき合って家族の人間性はよくわかっていた。特に壽美子とはせっかちな気性がよく合った。相性ですね。たとえば、『飯食べに行こう。何食べたい』と言うと、『きょうはお寿司ね』とものごと決めるのが早いんです。私はそのとき事業やろうと思っていたから、事業をやるときにはこういう女性じゃないとだめだと思った。というのは、事業を興した時には、家庭のことを何ひとつ心配しないで仕事に専念できることは大きなキーとなるからです」

永守がもっとも感動したのは時間だという。

「だいたい女性というのはデートすると、男を待たせてもよいと思っている。それは全部アウトです。私の家内は、たとえば嵐山の渡月橋で何時とか待ち合わせると、いつ行っても私より先に来ていた。私が三十分前に行ったらその前に来ているし、一体どれだけ前に来ているのかと思うような時間に来て待っているんです。これが私の女房だと思った。ものごとが早くて、ものおじしない。そして、だんなの出世を喜ぶ。うちの母にしても、子どもの出世を喜んだ。ズバリ当たりました。大成功。あの嫁さんじゃなかったらここまで会社は来ていません」

◇ハードワーク

ハードワークという面から見ると、二十世紀の京都では京セラが有名だった。かつて新入社員の多くがすぐに辞めてしまったことも話題になった。稲盛和夫は京都・祇園で宴会を終えると、山科の本社に戻り仕事をしたという逸話は誰もが信じている。永守はこの稲盛を強烈に意識し、尊敬している。創業のころから現在も、ずっと稲盛が目標だったと言って過言ではない。こんな逸話がある。

「昔稲盛さんが出版した本で、『ある少年の夢』というのがありました。京セラの稲盛さんの立志伝みたいなものなんです。永守さんがそれを読んで感激して、その当時の管理職全員に『買って読め』と言われた覚えがあるんです」

「稲盛」「京セラ」を強烈に意識した証拠がある。京都市南区久世殿城町にあるシンポ工業の本社跡地に建設した京都府内で一番の高さを誇る日本電産の新本社ビルだ。鉄骨造の二十二階、地下二階建てで、高さは一〇〇・六メートル。それまで京都市内で一番ノッポだった京セラ本社ビル（高さ九五メートル）を上回っている。

永守は建設に際して「京都一」にこだわったと言われる。日本電産本社ビルの最上階にある社長室からは、京都市伏見区にある京セラの本社ビルが見える。

◇平成の「今太閤」

永守は京都生まれ京都育ちのせいか、歴史の中で京に上る人たちの本をよく読んだ。そのなかでもっとも好きなのは豊臣秀吉である。

「私が子分たちにしたことは昔豊臣秀吉がやったのと同じことやね。人の気持ちとか人の心を引くというのは、理想だけじゃだめなんです。理想だけじゃ人はついてこないわけね。やっぱりそこには、アメリカ的なマネーでなく、『この人についていったら飯が食えるんじゃないか』という部分が必要だと思う。それも会社のカネではなく、自分のポケットマネーでやらなければ意味がない」

「会社の金でおごる場合ははっきり言うて『今日は会社の金やから、おまえらさんざん飲んで、どんどん何か食えよ』とか言えへんじゃないですか。ただ、ポケットマネーの時には鮨を食べていて『今日は私のポケットマネーやから、あんまりトロとか食うなよ』と冗談言いますけど（笑）」

永守は八四年三月にPHP研究所から出版した『奇跡の人材育成法――どんな社員でも「一流」にしてしまう』のあとがきにこう記している。

「信長にも家康にも、もともと家柄というものがあった。もちろん、天下を制した努力を否定するものではないが、大将になるべく生まれついた人たちだ。しかし、秀吉はちがう。そうした基礎も何もなく、一からのし上がってきた。しかも今とは比較にならないくらい身分制度の厳しい時代である。今、私はようやく一国一城の主にはなったが、目標はモータの分野で世界を制することにある。今後もこれまで以上に努力していこうと自分に言い聞かせている」

昭和の時代には政治の世界で「今太閤」と言われた田中角栄がいた。永守は平成時代の経済の世界で「今太閤」を目指しているような気がする。

2 インタビュー 一兆円企業へ、その先には十兆円

◇不況のときこそチャンス

――アメリカのサブプライムローン（低所得者向け住宅ローン）問題が露見してから、世界での投資資金の流れが変わってきました。

「少しずつだけど、わが社にとっていい環境になってきました。このところ、交渉に参加するファンドの数が減ってきましたね。もう明らかに減っています。これまでは、買収案件が舞い込んでくると、必ずどこかのファンドが敵だったけれど、最近持ち込まれる案件にはファンドが入っていません。仮にファンドが交渉に入っていても、値段をつり上げずに交渉から引くというのがパターンになってきました」

「ここ数年は買う側に事業会社が三社あればファンドが五社とか、必ずファンドのほうが

多かったのですが、最近はファンドが消えて、事業会社も減ってきています。やっと日本電産が健全なM&Aをできる環境に回復しつつあるのかなという感じがします」

――日本電産は二〇一〇年に売上高一兆円という目標を掲げています。この目標の達成のためにはチャンスがあったら、敵対的買収も辞さないという感じですか。

「私は、日本では敵対的買収は難しいということをはっきりと断言しています。私のM&Aに対する考え方は、再生して転売して利ざやを稼ごうとするファンドとは違います。時間がかかっても成功していったほうがいいわけで、慌てて大失敗するよりもいいと思うのですね。M&Aも、一遍にいくつもできるわけではありませんから。企業を再建して、業績を高める努力をしている間に、M&Aの対象になった別の案件はもう一回浮上してきます。今、六十社ぐらいに声をかけていますが、『今のところ興味がない』とか『ちょっと待ってくれ』というのが大体八割です。残りの二割は、かつては『待ってくれ』とか『だめだ』と言っていたのが、『ちょっとは話を聞こうか』というふうに変わっている。そのなかでも、実際にまとまるものは非常に少ないのです」

「ファンドがだめになってきて、さらに業界全体も不況になったとき、次の大きな案件がたくさん出ると思っています。ただ、わが社の場合、その時も結局、再建型のM&Aが主体になるでしょう。次の景気が悪いときは、今度はかなり瀕死の重傷に陥っている企業が出ると思います。おそらくは、たまたま今は、病気は隠れているのであって、次に不況が来たときにはガタっとくる企業がたくさん出てきます」

——どちらかというと、経済環境がいいときよりも、悪いときのほうが成長のタネを仕込みやすいというわけですね。

「私は不況が大好きです。そんなことを言うと怒られそうですが、景気のいいときは、いい人材は集まりにくいのです。ほかが採用をしないときであれば、どんどん集まってきてくれます。百人採用しようと思っているのに、二百人に合格を出せるようなときもあるわけです。ところが、景気が良くなるとどうでしょう。二〇〇七年など、三百人採りたかったのに、従来どおりの採用基準を守ったために二百数十人、目標の七五％しか採用できませんでした。そのほか、景気が悪くなれば、物の値段も下がる、原価も下がる、働く人も危機感を持つ。不況のときにこそ経営力の差が出てくるわけです。景気がいいとき、全体がいいと、悪いものも隠れてしまう」

◇日本と海外では何が違うのか

——それまでは国内のM＆Aもちょっとお休みですか？

「ええ。ですから、海外に目を向けて、シンガポールのブリリアント・マニュファクチャリングとか、フランスの大手自動車部品メーカー、ヴァレオのモーター事業部門を買ったわけですね。日本企業を買うのはもう少し不況になってからのほうがいい。一方、海外企業は、どちらかというと景気のいいときに案件が出てくるのです。高く売れるときに売りたいと考えますから、日本と逆なんですね。ただ、リスクは海外のほうがずっと高いです。海外の企業には含み益なんてありませんし、そもそも彼らはうまく高く売ろうという術にたけていますから。人がやめていくリスクも高く、特に経営者がやめていくリスクは格段に高い」

「それから、社員の意識を高めるのにも時間がかかります。日本は一年でできることも、アジアで二年、ヨーロッパで三年、アメリカでは五年かかる。日本の場合、業績の悪い会社を買っても、あっという間に社員の意識が変わって利益が上がるのですが、海外の悪い会社を買ったら、しばらく赤字が続きます。だから、最初からいい会社を買わなければいけませんから、高い金を出さないと買えないことになります。海外企業の買収は、自社に体力がついてからでないと危ないと思っています」

――買収後の経営や再建の手法も、日本企業と海外企業では相当違いますか。

「違いますね。まず、時間軸が違う。海外企業に日本電産流を浸透させることを焦ったらまずだめです。日本企業のように、親しい相手をどなりつけるなんてできません。日本企業の場合は、人間関係さえきっちり作れば、ばんばん怒鳴って、甘いところを直していける。仕事に対する社員の意識はすぐに変わります。言葉も通じるし、人間関係も作りやすい。たとえば、最初は『さん』づけで呼んだのが、『君』づけになって、最後は呼び捨てになるでしょ。そうなったら、『バカヤロー』なんて平気で言えるでしょう。しかし、外国人はそうはいきません。だから、ものすごく時間がかかるのです。先ほどアジアで二年、欧米は三〜五年かかると言ったのは、そういうことが影響しています。意識改革に時間がかかるわけです」

「海外企業の場合は、業績の悪い会社を買ってはいけません。実際、いま、日本電産では、名門会社と言えるところを買ってリスクを最小化しているわけです。海外企業の場合には、高い高級品を買ったほうが、たとえ買収価格が高くても、悪い会社を買ってとんでもない化け物をつかむよりも、リスクが少ない。安物にだまされるよりいいということです」

——最近のM&Aを見ていると、資本参加する企業のサイズがだんだん大きくなっています。買収リスクが高まるのではないですか。

「いやいや、必ずしも規模の大きいほうがリスクが大きいということはないのです。いい人材がいますから、リスクはむしろ小さい。国内の今までのケースでも、日本サーボは比較的規模が小さいけども、日立の子会社だから、いい人材がいます。サンキョーの場合も一千億円規模の会社だから、部課長クラスに人材がそろっています。むしろ、中途半端な規模の会社のほうがリスクは高いと思います。人材がいる場合と一から教えないといけない場合では、必要な労力の量が違いますでしょう。人材がいれば、こちらが指導してあげれば、それでやってくれます。これまでの経験で言うと、規模の小さい会社の再建も大きい会社の再建も、同じだけ時間はかかるし、私の労力はほとんど変わらないのです。それなら、大きい会社を買収したほうがいい。売上高一千億の会社も三百億の会社も、同じ労力がかかるのですから。それで、売上高営業利益率が一〇％にまで再生したら、売上高一千億円の会社は百億円の利益を出して、三百億円の会社は三十億円。同じ労力で、こんなに差がつくわけで、再建に自信があるのなら大きい会社のほうがいい」

◇「一兆円」はグローバル企業への出発点

――相次いで海外企業を買収したメリットはありましたか？

「ヴァレオ（のモーター事業部門）を買ったことで、ヨーロッパでの日本電産のネームバリューは上がりました。たとえば、ヴァレオを買ってからは、ヨーロッパに行くと「NIDEC」と言っただけで、「おお、ヴァレオを買った会社だ」とわかってくれるようになりました。これまでは、「NIDEC？　どんな会社だ」と言われていたのですから、それはもう景色が変わりました。売上高も一兆円に近付いてきて、日本電産が買収した後の経営を見ているから、『あそこを買えるような会社なら、自分のところも売ろうか』という動きも出てきました。『あの会社は、買収しても、人員削減もせずにやっているな』というわけです。日本電産に買収されても、幹部もクビを切られないという安心感があるようです。しかも、ストラテジックバイヤーですから、買収して転売するわけでなく、ずっと持ち続ける。だから、どんどん案件が持ち込まれるようになりました。買ってもいいなという案件もあります。ただ、話がまとまるかどうかは、よく見極めないといけませんがね」

――自動車向けのモーター事業の規模拡大を進めていますが、これからのM＆Aの案件は、かなりの部分が自動車関連の会社が中心になりそうですね。

「今、車載用モーターの分野で世界の一位、二位になることを重要な課題にしています。まず車載分野のM＆Aを進めたい。それが終わったら、電子制御とかソフトウエアとか、そういうところを強化したいと思っています。持ち込まれる案件や情報からすると、極端な話、そういうモーター部門を持っている会社は、ほとんど売りたいという意向だと認識しています。ただ、値段が合うのか、日本電産の体質に合うのか、あるいは、日本電産が強くなるためにはどの部門を買うのがいいか、見極めが大事でしょうね」

「なぜ、私が『二〇一〇年に売上高一兆円』にこだわるのか、お話ししておきましょう。一兆円というのは、世界という市場で戦っていける最低限の売上げだと思っているのです。この大競争の時代には、グローバル企業としては、売上高数千億円では戦えない。柔道にたとえると、小学生には大学生を投げ飛ばすことは不可能ですが、高校生にもなれば大人を投げ飛ばすことも可能でしょう。まず最低限、その高校生レベルに近づかなければと思っているのです。一兆円の会社は十兆円企業を投げ飛ばすことはできる。しかし、一千億の会社には十兆円企業は投げ飛ばせません。だから一応、どことぶつかっても勝てる規模に持っていかないと、グローバルの戦いはできないということです」

――売上高一兆円を超えると、そんなに状況は変わりますか？

「企業規模というのは大切です。昔、日本電産の規模がまだ小さいときは、いろいろありましたから。たとえば、ある企業に資本参加する五年前に、その親会社に『売っていただけませんか』と打診しに行ったときは、『けしからん。おまえみたいな小さな会社がうちの子会社買えるのか』という趣旨のことを言われたものです。『あんた、そんなお金持ってんのか』と言われたこともあります。ところが、今回のヴァレオの際には、売上高は向こうが大きかったけれど、利益の額は日本電産のほうが上だった。だから、対等に交渉ができたのです」

「今でもＨＤＤ向けなどのモーターでは業界トップですが、これが一兆円になったら、景色は確実に変わります。京都の街も、比叡山の三合目から見る景色と五合目から見るのとでは、全然違うでしょう。上へ行けば行くほど景色はよくなっていく。会社も同じで、ある一定の規模に持っていかないと、景色は変わらないのです。下から見ていて、『あの会社を買う』といっても失敗しやすい。でも、高いところから見ていたら失敗しないものです。だから、規模を追求する。一兆円の会社が一千億円の会社を買う場合と、一千億円の会社が一千億円の会社を買うのでは、リスクが違うのです」

——自動車分野、海外強化が当面のM&Aの狙いですか？

「自動車関係は、取引の時間軸が長いというか、物が大きいので、グローバル規模での物流コストの問題があります。アメリカはアメリカで、アジアはアジアで、ヨーロッパはヨーロッパで、世界各地から供給できないとだめです。アジアからヨーロッパへ運んだら、コスト的にも合いませんし、ジャスト・イン・タイムへの対応もできない。一番強いのは、世界のどこからでも同じモーターが供給できるということだと思います。完成車メーカーはそういう会社を選んでいるから、規模の追求をしないとビジネスができません。日本電産がスピンドルモーターで強くなったのも同じ理屈で、タイ、中国、フィリピン、シンガポールに工場があるからです。今後、これでいったら、次はインド。当然、現地のメーカーも買収対象になります。あるいは、南米はヴァレオをうまく活用する。南米に工場を持つという選択肢もある。ともかく、世界のどこからでも同じモーターが供給できますということになれば、これは強いでしょう」

——国内でのM&Aは一服するんですか。

「いや、国内のM&Aもまだやりますよ。ただ、先ほども言いましたが、ちょっと景気が悪くなるのを待ったほうがいい。だから今は、あちこちの会社に声をかけておく。そして、次に業績が悪くなったときにはうちに一番に連絡してもらうのです。そのために今、駆け回っています。それから、景気がもっと悪くなったときには、ファンドも売り手として出てくるでしょう。利回りが三〇％になったら売ろうかと思っていた案件が、もう二〇％でもいいから売っちゃおうとか、そういう換金売りが出てきます。経営に失敗した企業の身売りが一番多いと思いますが、その次に、黒字でも早く換金するというファンドが出てくるはずです」

◇永守流再生法の要諦

――M&Aの後に、リストラせずに、経営者を代えず、同じ製品、同じ工場で、会社を再生する永守流企業再生法ですが、その要諦を一言で言うと？

「情熱、熱意、執念を社員にどうやって持たせるかです。そのために、資本参加した会社の株式も、私が個人として買って個人筆頭株主になる。『この会社に深く関与しますよ』というメッセージですね。投資家は『株が上がらなければ永守も損するんだから、必死に再建するだろう』と思うでしょう。しかも、再建の最中は、私も含めて日本電産から応援に行く社員は無給、つまり、その会社から給料はもらわない。それから、社員を集めて昼食会を開いて、いろいろと話をしたり聴いたりするし、幹部とは夕食会を通じてコミュニケーションを深めていきますが、この費用は全部私のポケットマネーです」

「京都から毎週何時間もかけて会長が経営指導に来てくれる。代表取締役会長が現場に、長靴履いて、ヘルメットかぶって、作業着着て見に行くのです。それで、一緒に弁当食べて、話も聞いてくれる。そこまでやって反発するような人は少ないですよ。これはいつも買収先の従業員には話してることですが、『自分で稼いだものが自分の給料になる』のです。会社が払っているわけではありません。『皆さんが働いてくれたものを正当に配分受けているだけなのだ』ということをいつも話しています。結果的に、自分たちの会社は自分たちで守らなければいかんという気持ちが大事なのですね。とにかく、現場の人間と目線を合わしていく。そうでなくて、従業員とは比べものにならないくらいの給料をもらって、黒塗りの車で来て、立派な背広着て……それは会社のお金で払っている。しかも、会社が赤字でも退職金をがっぽりもらってやめていく。そういう経営者には誰もついていかないでしょう。それではだめですよね」

「私ははっきり言っています。会社の業績は社長の責任が八割。その社長がゴルフして遊んで、そんなもんで会社がよくなるのであれば、どの会社も悪いことにならない。まずトップが一生懸命働くことが大切なんですよ、と」

──二〇一〇年の先の二〇三〇年に売上高十兆円という目標も掲げています。そのときに日本電産はどうなっているイメージですか？

「最近ヴァレオの事業部門を買ったから、今、三十八か国に工場や営業拠点があります。これを八十五か国まで増やします。実際にはそれを超えてくると思いますが。世界のなかで、日本電産グループの事業に必要な国には全部、我々のオペレーションの場所があるというのが目標です。売上高は十兆円のときには、営業利益は最低一兆円。二〇三〇年には内外で世界企業として認められる存在になって、利益が一兆円。世界の代表的な企業になりたいのです。利益で一千億円といえば日本の代表的企業で、それが一兆円というのは世界を代表する企業だと思っています。しかも、そのときには世界でもっとも多くの人を雇用している会社になりたい。現在は約十三万人。最近は平均で毎月千人ずつ増えているのです。とくにベトナムとかタイではどんどん増えています」

「夢を形にするのが経営ですが、その夢の前にホラ。それも大ボラ、中ボラ、小ボラと変化していって夢にたどりつく。夢までくれば現実化するのは時間の問題です。ただ、二〇三〇年の売上高十兆円は現在のところ〝大ボラ〟そのものですが……」

◇事業分野戦略を語る

——売上高一兆円を目標にしている二〇一〇年とその先の事業戦略はどう描いていますか？

「まず二〇一〇年までは、技術革新の起こっている家電製品のマーケットに焦点を当てています。この分野は新規需要も出ているし、今、絶好調です。もちろん、その後もこの分野は伸ばしていきますが、二〇一〇年以降は自動車向けが重点分野であり、成長分野になってきます。これは、マーケットの変化なんです。我々がそう思うというのではなく、マーケットに変化が起きているわけです。日本電産はその変化を先取りして準備して、変化の流れに乗っていく」

「一九九〇年代、京都の電子部品業界は好景気でしたが、あれはパソコンや携帯電話などのマーケットが拡大したからですね。自らの努力とは別の、フォローの風が吹くときがあって、やはりそういう風に乗らないと、努力だけでは高い山には登れません。向かい風のときに山に登ったら、落っこちてしまう。きつい山でも後ろから風が吹いてくれれば早く登れる」

「たとえば日本電産グループは、一九九〇年代にハードディスクドライブ向けモーターの需要を当てて、光ディスク向けも当てた。最近は家電マーケットで消費者のニーズをくみ取った新製品が続々出てきて、その需要を掘り当てています。エアコンもいいし、冷蔵庫も、斜めドラム式洗濯機もいい。たとえば洗濯機には、モーターが十個以上使われるようになっている。今後、洗濯機のモーター搭載数がさらに十倍になることはないでしょうが、一〇〜二〇％ぐらいは伸びるでしょう。かつての製品に比べたら、モーターの積載量は何倍にもなっており、家電製品の生産数量そのものは伸びていなくても、家電の一台当たりのモーターの積載量は増えているのです」

「では、次にくるのは何か？　二〇一〇年以降は自動車市場なのです。ハイブリッド車や燃料電池車などいろいろあるけれども、キーワードは『地球温暖化問題』『小型化』『省エネ化』『低ノイズ化』。薄くて小さくて軽くて静かで、電気をくわないもの。地球温暖化対応に関しては、ものすごい勢いでマーケットができているでしょう。これを、モーターの世界に置き換えれば、つまり、こうしたニーズを実現するものは、ブラシレスモーターそのものなのです。我々はブラシレスモーターの世界トップメーカーですから、まさにフォローの風が吹きつつある。これにうまく乗らないといけない。そのなかの最大の需要は自動車向けと見ているわけです。自動車には、ブラシレスの特性が向いているうえに、一台当たりのモーターの搭載数も増えている。まだまだ増えるでしょう」

「車はすでに、この十数年間で一台当たりのモーター積載量は二倍にはなっています。今からさらに倍以上にはなると見ているのですが、とくに今後増えるのはブラシレスモーターです。ということは、日本電産にはとんでもないフォローの風が吹く。我々は世界の基幹産業になっていくんです。自動車向けに大きな風が吹くのは二〇一〇年以降で、本格的に強い追い風が吹き急激に伸び始めるのは二〇一五年。おそらく二〇二〇年ぐらいになったら本格的に電気自動車が出てきて、もう暴風圏になるんじゃないですか。そのころには、世界中の自動車のフロントガラスのところには『ニデック・インサイド』っていうラベルが張られる。そのラベルを張らないと、質の高い自動車とはみられなくなる。そういう企業になっていくと思っています。ですから今、日本電産をやめて自動車メーカーにいこういう人の気が知れません」

――ねらいは駆動系のモーターですか。

「駆動系だけではありません。ただ、車までつくるのがいいか、それとも、そのときに、車の原価の三割、四割を占めるモーターの世界最大のメーカーになるか。どっちがいいかと言われたら、私は部品メーカーのほうがもうかると思います。パソコンのインテルと同じです。パソコンつくるよりCPUのほうがもうかっている。うちは利益重視ですから、必ずしも本体（車）をつくればいいとはならないのです。もちろん売上規模からいったら、それは本体をつくったほうが大きくなると思いますが、インテルがあれだけの利益をあげていることからして、私は部品でいいと思うのです」

「自動車向けというのは、ハイブリッド車や電気自動車向けの需要だけじゃないですね。既存の自動車の需要も変わる。洗濯機や冷蔵庫と同じことが起きるわけです。たとえば昔は、モーターはこの形です、ハンドルはこの形です、ということで家電や車のデザインが決まりましたが、最近は、たとえば斜めドラム式の洗濯機とか、まずデザインありきという方向に進んでいます。最終的にモノが売れるためにはデザインが大切になっている。今は性能だけじゃないのですね。そうなると、まずデザインがあって、スペースが決まってくる。そのスペースに入る、こういう性能のモーターが欲しいということになっている。普通のモーターであれば値段が安いほうが勝ちますが、『今までのモーターでは入らないような半分しかないスペースに入れることができて、性能は前と同じという製品を持ってこい』と言われるから、日本電産が圧勝しているわけなのです」

「同じように自動車もどんどん変わってきます。シートなどいろいろなところにモーターが使われるでしょう。従来のモーターから大きく変わるそういうところに、我が社のシェアの高い分野がありますし、これからますます技術力の差が出てくる分野でしょう。たとえばいま、ハイブリッド車は、ガソリン車と外観は同じなのにエンジンとモーターの両方をつけなければいけないということで苦労しているわけです。そこに我々の技術力が生きてくる。限られたスペースの中で、要求された機能を備えたモーターを提供できる技術力です」

「実際、自動車の駆動系モーターを自分たちで開発できる会社は大手の数社しかなく、自前で開発できない会社からは、我々のところに委託が来ています。駆動系モーターの最大のポイントは、バッテリー一回の充電で何キロ走れるかにあります。バッテリーの容量も大事ですが、モーターの効率を上げるのが最大のカギなのです。わが社がいま、最優先課題として取り組んでいるテーマが、モーターの効率向上です。小型化、効率化の研究です。製品化には、大きな馬力のモーターとその応用技術や制御技術などさまざまな技術が必要で、現実には、日本電産グループにはまだ足りないところがあります。足りない技術は補強する。そのために、いい会社があれば買おうと思っています。自動車だけでなく、大きい馬力のモーターがあれば、たとえば高層ビルのエレベーターの分野にも使えるようになるでしょう。そこもブラシレスモーターに変わっていく。ただ、私はもう今までのモーターにはあまり興味がなくなっていて、ブラシレスモーターに代わる事業をねらっています。新しい技術です」

「本業を強くするために欲しい要素技術は制御技術です。それから、半導体の回路技術、ソフト。これらが必要ですね。だから私は、次の不況を楽しみにしているのです。日本経済がかなりの不況に陥っていくと、そういう技術を持った会社も（売り案件として）出てくるはずですから」

永守重信語録

「一日二十四時間という時間はすべての人間に平等に与えられている」

「一流企業と三流企業との差は製品の差ではなく、〝社員の品質〟の差である。それは6S（整理・整頓・清潔・清掃・作法・躾）がいかに基本に忠実にできているか否かによるものと思う」

「汚い水の中ではよい魚は育たないのと同様に、汚い工場からは決して品質のよい製品は生まれない。同様に、雑然としたオフィスでは、スピーディーかつ効率的な事務処理はできない」

「企業が成長するための原則は、品質の良いものを、どこよりも早く安く作り、顧客の満足を得ることである。顧客の声を無視したおごり、謙虚さの不足はいつの日か必ず見捨てられることを、知らねばならない」

「企業の発展を担うのは、たった一人の天才ではない。ガンバリズムをもった協調性のある凡才の絆こそ、組織の原動力である」

「企業は存在するかぎり、常に成長を続けなければならないし、成長なしに企業の活性化は図れない」

「今日のことは今日やる。『今月は無理だ。来月やります』で、一年のうち一か月がなくなってしまうから、達成率が八〇%とかになってしまう。しかし、使うほうのお金は一〇〇%使っているから、赤字になる」

「経営というものは、結局は数字がものをいう。いくら立派な理論、すばらしい表現であっても、数字という裏打ちのない机上論であれば、それは犬の遠吠えに過ぎない」

「工場がきれいになる、(従業員が)休まずに来るだけで会社は黒字になる。一〇%以上利益を上げている会社の共通点を調べると、当たり前のことを当たり前にやっている」

「雇用創出こそ企業の最大の社会貢献である」

「仕事が達成できない理由に〝人が足りない〟からというのが口グセになっている幹部がいる。そういう部門をよく観察すると一番教育ができていないし、工夫も不足している」

「仕事を任せるということは、常に進捗の状況と内容のチェックが行われていなければならない。それがなければ放置である」

「社内からムダ、ムラ、ムリを徹底的に取り除くための努力を一日たりとも怠ってはならない。そのうち最大のムダは、業務処理、問題処理を、確実かつ迅速にできない人材であることを知らねばならない」

「成長の陰には必ずハードワーキングがある。ソフトワーキングで成長している企業はない」

「その人にどれだけ能力があるかという前に、どれだけ信頼できるかということが優先する。いくら有能であっても、人を裏切り、苦しみを共に分かち合うことのできない人には仕事を任せられない。信頼の基本は『ごまかさない』『にげない』『やめない』の三つにあると思う」

「地位や権力で人を動かすことは良策ではない。自ら実力をつけて範を示し、人を動かすことに全力をあげねばならない」

「知恵を出すということはそんなにむずかしいことではない。今自らがやっている仕事を一秒でも早く楽にできる方法を考えればよいのである」

「チャレンジのないところから決して成功は生まれない。何もしない者より、何かをしようとした者を応援する。そんな社員に拍手を送る会社であり、経営者でありたい」

「二番というのは、一番に近いかビリに近いかと問われれば、それはビリに近い。すなわち、一番以外はすべてビリと同じであるということを十分認識して、事にあたるべきである」

「『ノー』の連発からは何も生まれない。『すぐやる』『必ずやる』『出来るまでやる』という、常に前向きな姿勢を持ってこそ、すばらしい成果が待っている」

「〝能力は一流、人間は三流〟の部門長の下では、業績は五流以下である」

「人に信頼を得ようとすれば、人に不安を与えぬようにしなければならない。そのためには進んで状況を知らせることであり、正しく報告をすることである」

「人の総合的な能力は、天才は別として、秀才まで入れてもたかだか五倍、普通は二倍しか違わない。ところが、やる気、士気、意識は一〇〇倍ぐらいの差がある。だから、少々能力がなくても、意識の高い人間を採ったほうがいいと思っている。世の中の人は、成績のいい人を採れば、さぞや立派な製品やいい客を開発するだろうと考える。もしそうなら、日本電産などとっくに大企業につぶされていたはずだ」

「人より頭が悪いと思っている人は、時間でこれを補えばよい。うさぎでない人は、カメであれ」

「〝歩〟の人材を確実に育て〝と金〟にする。それが経営者である私の仕事だ」

「問題の解決のためには現場現物主義に徹することが一番大切だ。客先に出かけ、その要望を聴き、生産現場で物づくりの原点を観る。机上評論では何の解決にもならない」

「目の前に落ちている小さな部品を見つけてサッと拾おうとするか、見過ごしてしまうか、はたまた安い部品だからと踏みつけてしまうか。ちょっとした違いが各人の仕事の成果を、さらにいうならば、組織の明暗を大きく分けることになる」

「我々のサラリーは、社長である私から払うのでもなく、また、会社から支払われるものでもない。すべて我々の製品を購入いただいているお客様から、頂戴していることを忘れるべきではない」

「我々の製品は、世界を相手に競争している。レベルの低い判断は禁物であり、良悪は世界の顧客が決める。顧客がダメと決めたものはダメなのである」

「リーダーの強さがそのグループの勝負を決する。すなわち、一匹の狼のリーダーを持つ四九匹の羊の軍団と一匹の羊のリーダーを持つ四九匹の狼の軍団が戦えば、勝つのは一匹の狼のリーダーを持つ軍団である」

あとがき

永守重信という人はテレビ業界でいう「キャラ立ちする」(個性がはっきりしていて、番組で使いやすい)経営者である。京都弁丸出しで、人をひきつける言葉を駆使し、大声で話す見かけの裏では、周波数の高いCPU(中央演算装置)が超高速で動いている油断できないタフ・ネゴシエーターである。ビジネス・サイボーグとも思える反面、従業員をはじめとして、人一倍、人の心を大切にして、一期一会で巡り合った人とは、糸を切らさないようにつながっていたいと願っている人物でもある。

本書冒頭のドキュメント部分に登場する藤井純太郎(当時は三菱証券取締役副社長)は二〇〇六年六月、日本電産に取締役副社長として入社し、企業戦略室という永守の肝煎りで設立したM&A部隊を率いている。藤井が三菱銀行時代に知り合って以来、約十年間、時に太く、時に細く関係を保ち、永守が日本電産に招き入れた。永守がひとりで仕切ってきたM&Aを、「部下」として手伝うことになったのだ。フランスの大手自動車部品メーカーであるヴァレオのモータ事業やシンガポールのブリリアント・マニュファクチャリングの買収は、永守・藤井コンビで手掛けた案件だ。「万年人材不足」と言い、新卒、中途を問わず絶えず外部から人材を調達している日本電産が、資本参加した企業に事業の立て直しや競争力強化を支援できる人材を投入することができれば、M&Aをテコにした日本電産の成長戦略はさらに加速することになるだろう。

永守は常々「夢を形にするのが経営」と言い続け、どんどん夢を膨らませてきた。〇七年四月にはこの信念を英訳し、「All for Dreams」という言葉をグループ全体のコーポレートスローガンに掲げた。日本電産グループは夢を形にすることに挑戦し、成長し続けるという宣言でもある。

本書の取材・執筆中にDREAMS COME TRUE（ドリカム）の歌「未来予想図」「未来予想図Ⅱ」を原案にした映画「未来予想図～ア・イ・シ・テ・ルのサイン」が公開された。この映画では、スペインのバルセロナにあるサグラダ・ファミリア教会が舞台として使われている。一八八三年にアントニオ・ガウディが設計し、建築を始めてから一世紀以上たった今でも、未完成で、完成は二〇二〇年代と言われている。永守が描く日本電産グループの「未来予想図」はサグラダ・ファミリア教会のように、その完成までには長い時間がかかるのだろう。

本書の執筆には過去に日本経済新聞や日経産業新聞、日経金融新聞に掲載された記事を参考にしたほか、さまざまな資料にあたった。特に以下の資料を参考にした。

『果敢なる挑戦　日本電産三〇年史』（非売品）

『技術ベンチャー社長が書いた体あたり財務戦略』（ジャテック出版）
『奇跡の人材育成法――どんな社員も「一流」にしてしまう』（ＰＨＰ文庫）
『挑戦への道――Ｎｉｄｅｃ　Ｐｏｌｉｃｙ　＆　永守ｉｓｍ』（非売品）
『三協精機製作所　五十周年記念誌（草稿）』（非売品）

なお、執筆は日本経済新聞デジタルメディア社の大村芳徳が担当した。本書の元になった『日本電産　永守イズムの挑戦』は前掲した資料等を参考にしながら、十数年間、「永守重信ウォッチャー」「日本電産ウォッチャー」を続けてきた取材メモなどを元に、短期間かつ集中的に焦点を定めて行った取材によって、基本的に全篇を書き下ろした。文庫化に際して、三協精機（現・日本電産サンキョー）のその後の変貌ぶりや永守流経営の進化をどうしても加筆したいとの思いが強くなり、今回も短期・集中型の取材を行った。制約条件の多いなかで、インタビューに応じてくださった多くの方々、そして、無理難題とも言えるような条件での取材調整や資料請求、事実確認等に誠実にそして素早く応えてくださった田村徳雄部長率いる日本電産広報宣伝部の方々、矢崎和洋部長をはじめとした日本電産サンキョー管理本部経営企画部の方々に、この場を借りて感謝の意を表したい。

二〇〇八年三月

本書は二〇〇四年十二月に日本経済新聞社から刊行された『日本電産　永守イズムの挑戦』を加筆修正しました。

日経ビジネス人文庫

日本電産《にほんでんさん》 永守《ながもり》イズムの挑戦《ちょうせん》

2008年4月1日 第1刷発行
2008年9月22日 第6刷

日本経済新聞社《にほんけいざいしんぶんしゃ》=編

発行者
羽土 力

発行所
日本経済新聞出版社
東京都千代田区大手町1-9-5 〒100-8066
電話(03)3270-0251 http://www.nikkeibook.com/

ブックデザイン
鈴木成一デザイン室

印刷・製本
凸版印刷

Printed in Japan ISBN978-4-532-19445-1

奥田イズムがトヨタを変えた

日本経済新聞社＝編

あの時奥田氏が社長にならなかったら、今のトヨタはなかった。奥田社長時代を中心に最強企業として君臨し続ける秘密に迫る。

ゴーンさんの下で働きたいですか

長谷川洋三

短期間に黒字転換に成功した日産自動車。カルロス・ゴーンはこの会社をどう変えたのか、日本の会社はみな日産のようになるのか。

トヨタを知るということ

中沢孝夫・赤池 学

トヨタの強さは環境変化にすぐ対応できる柔軟性にある。製造現場から販売まで、徹底取材をもとに最優良企業の真髄に迫る。

カルロス・ゴーン経営を語る

カルロス・ゴーン
フィリップ・リエス
高野優＝訳

日産を再生させた名経営者はどのように困難に打ち勝ってきたのか？ ビジネス書を超えた感動を巻き起こしたベストセラーの文庫化。

トヨタ式 最強の経営

柴田昌治・金田秀治

勝ち続けるトヨタの強さの秘密を、生産方式だけではなく、それを生み出す風土・習慣から解き明かしたベストセラー。

日産 最強の販売店改革

峰 如之介

店長マネジメント改革を中心に、女性スタッフ育成、販社の統合再編など、正念場を迎えたゴーン改革の最前線をルポルタージュ。

お金をふやす本当の常識

山崎 元

手数料が安く、中身のはっきりしたものだけに投資しよう。楽しみながらお金をふやし、理不尽な損失を被らないためのツボを伝授。

大学教授の株ゲーム

斎藤精一郎・今野 浩

経済学者と数理工学者の著者コンビが、様々な投資法を操り相場に挑戦! —— 銘柄選択、売り買い判断など、勉強になること間違いなし!

最強の投資家バフェット

牧野 洋

究極の投資家にして全米最高の経営者バフェット。数々の買収劇、「米国株式会社」への君臨、華麗なる人脈を克明に描く。

冒険投資家ジム・ロジャーズ世界バイク紀行

ジム・ロジャーズ
林 康史・林 則行=訳

ウォール街の伝説の投資家が、バイクで世界六大陸を旅する大冒険!投資のチャンスはどこにあるのか。鋭い視点と洞察力で分析する。

グリーンスパン

ボブ・ウッドワード
山岡洋一・高遠裕子=訳

世界のマーケットを一瞬にして動かす謎に満ちた男、グリーンスパンFRB議長の実像を、緻密な取材で描き出す迫真のドラマ。

冒険投資家ジム・ロジャーズ世界大発見

ジム・ロジャーズ
林 康史・望月 衛=訳

バイク初の"6大陸横断"男が、今度は特注の黄色いベンツで挑む、116ヵ国・25万キロの旅。危険一杯・魅力たっぷりの痛快投資紀行。

会社を変える人の「味方のつくり方」

柴田昌治

120%の力を発揮し続ける組織は何が違うのか？　信頼できる上司や同僚、部下を味方に、改革を推進する中堅世代の生きざまを提示。

なぜ会社は変われないのか

柴田昌治

残業を重ねて社員は必死に働くのに、会社は赤字。上からは改革の掛け声ばかり。こんな会社を蘇らせた手法を迫真のドラマで描く。

柴田昌治の変革する哲学

柴田昌治

独自の企業風土改革論で脚光を浴びる著者最新の「日本的変革」の方法。コア社員をネットワークして会社を劇的に変える実践哲学。

なんとか会社を変えてやろう

柴田昌治

問題を見えやすくする。感度の悪い上司をなんとかする。情報の流れ方と質を変える。——現場体験から成功の秘訣を説いた第2弾。

会社のしくみがわかる本

野田 稔・浜田正幸

経営の基本、会社数字の読み方、人事制度の仕組みなど、新入社員が持つ素朴な疑問を、対話形式で易しく解説。中堅社員にもお勧め。

ここから会社は変わり始めた

柴田昌治=編著

組織の変革は何から仕掛け、どうキーマンを動かせばいいのか。事例から処方箋を提供する風土改革シリーズの実践ノウハウ編。

HIS
机二つ、電話一本からの冒険

澤田秀雄

たった一人で事業を起こし、競争の激しい旅行業界を勝ち抜き、航空会社、証券、銀行と挑み続ける元祖ベンチャー。その成功の秘密とは——。

キヤノン式

日本経済新聞社=編

欧米流の実力主義を徹底する一方、終身雇用を維持するなど異彩を放つキヤノン。その高収益の原動力を徹底取材したノンフィクション。

林文子 すべては「ありがとう」から始まる

林文子=監修
岩崎由美

経営者の仕事は社員を幸せにすること——ダイエー林文子会長が実践する「みんなを元気にする」ポジティブ・コミュニケーション術！

武田「成果主義」の成功法則

柳下公一

わかりやすい人事が会社を変える——。人事改革の成功例として有名な武田薬品工業の元人事責任者が成果主義導入の要諦を語る。

中村邦夫「幸之助神話」を壊した男

森 一夫

V字回復を実現し「勝ち組」となった今、中村会長は松下をどこへ導こうとしているのか。日経記者が同社再生の道筋を詳細にたどる。

時間をキャッシュに変えるトヨタ式経営18の法則

今岡善次郎

時間をキャッシュに変えるサプライチェーン経営の本質を18の法則とトヨタ生産方式の事例でわかりやすく解説する。

私的ブランド論

秦 郷次郎

ブランドビジネスは、信念を貫き通すための戦いだ！　独自のアイデアと経営手法で成長を遂げてきた創業社長が28年間を振り返る。

V字回復の経営

三枝 匡

「V字回復」という言葉を流行らせた話題の書。実際に行われた組織変革を題材に迫真のストーリーで企業再生のカギを説く。

リクルートで学んだ「この指とまれ」の起業術

高城幸司

新たな価値を生み出す起業家型ビジネス人になろう。リクルートで新規事業を成功させ、40歳で独立した著者による新時代の仕事術!

日本の優秀企業研究

新原浩朗

世のため人のための企業風土が会社永続の鍵だ――。徹底した分析により、優秀企業たる条件を明快に示した話題のベストセラー。

リクルート「創刊男」の大ヒット発想術

くらたまなぶ

「とらばーゆ」「フロム・エー」「じゃらん」――。今日のリクルートを築いた名編集者が、売れるモノを作る究極の仕事術を公開。

強い工場

後藤康浩

モノづくり日本の復活は「現場力」にある。トヨタやキヤノンの工場、熟練工の姿、国内回帰の動きなど世界最強の現場を克明に描く。

稲盛和夫の実学
経営と会計

稲盛和夫

バブル経済に踊らされ、不良資産の山を築いた経営者は何をしていたのか。ゼロから経営の原理を学んだ著者の話題のベストセラー。

大人のための試験に合格する法

和田秀樹

試験は頭の良し悪しより勉強法がカギ。資格の選び方から意欲を持続させる法、問題の解き方まで、「合格」のコツを徹底伝授。

稲盛和夫の経営塾
Q&A 高収益企業のつくり方

稲盛和夫

なぜ日本企業の収益率は低いのか？　生産性を10倍にし、利益率20%を達成する経営手法とは？　日本の強みを活かす実践経営学。

宋文洲の単刀直入

宋 文洲

「個人情報保護が誰の得にもならない矛盾」「夕張の財政破綻は集団的無責任の結果」──。平成日本の非常識を徹底的に斬る！

イラスト版 管理職心得

大野 潔

部下の長所の引き出し方、組織の活性化法、仕事の段取り力、経営の基礎知識など、初めて管理職になる人もこれだけ知れば大丈夫。

中谷巌の「プロになるならこれをやれ！」

中谷 巌

「自らの考えを100語でまとめる力を磨け」「英語を身に付けよ」。仕事のプロを目指すビジネスパーソンへ贈る熱きメッセージ！

日本のお金持ち研究

橋木俊詔・森 剛志

医者や弁護士、経営者は儲かる職業か？　アンケートとデータから現代日本の富裕層像を明らかにし、彼らを生み出した社会に迫る。

経営論 改訂版

宮内義彦

米国的経営から学ぶところと日本企業の長所を生かし、新しい経営を創造しよう。オリックスを率いる著者による渾身の経営・経済論。

マンガ版「できると言われる」ビジネスマナーの基本

橋本保雄

これさえできれば、社会人として「合格」! 挨拶、言葉遣いから電話の応対、接客まで、楽しいマンガとともにプロが教えます。

百貨店サバイバル 再編ドミノの先に

田中 陽

伊勢丹＋三越、阪神＋阪急、大丸＋松坂屋──大再編時代の百貨店業界の最前線をレポートした「日経ビジネス」集中連載を文庫化。

そのバイト語はやめなさい プロが教える社会人の正しい話し方

小林作都子

「1000円からお預かりします」「資料をお送りさせていただきました」──。変なバイト語を指摘し、正しいビジネス対応語を示す。

伊勢丹な人々

川島蓉子

ファッションビジネスの最前線を取材する著者が人気百貨店・伊勢丹の舞台裏を緻密に描く。伊勢丹・三越の経営統合後の行方も加筆